室内设计实战手册

色彩搭配

Practical Manual for Interior Design
Color Matching

理想·宅 编

化学工业出版社
· 北 京 ·

编写人员名单：（排名不分先后）

叶 萍	黄 肖	邓毅丰	郭芳艳	杨 柳	李 玲	董 菲	赵利平
武宏达	王广洋	王力宇	梁 越	刘向宇	肖韶兰	李 幽	王 勇
李小丽	王 军	李子奇	于兆山	蔡志宏	刘彦萍	张志贵	刘 杰
李四磊	孙银青	肖冠军	安 平	马禾午	谢永亮	李 广	李 峰
周 彦	赵莉娟	潘振伟	王效孟	赵芳节	王 庶	孙 淼	祝新云
王佳平	冯钒津	刘 娟	赵迎春	吴 明	徐 慧	王 兵	赵 强
徐 娇	王 伟						

图书在版编目（CIP）数据

室内设计实战手册.色彩搭配 / 理想·宅编. —北京：
化学工业出版社，2018.1（2019.5重印）
ISBN 978-7-122-31186-3

Ⅰ．①室… Ⅱ．①理… Ⅲ．①室内装饰设计-色彩-
手册 Ⅳ．①TU238.2-62

中国版本图书馆CIP数据核字（2017）第307814号

责任编辑：王 斌 邹 宁　　　　　　　　　　装帧设计：王晓宇

出版发行：化学工业出版社(北京市东城区青年湖南街13号　邮政编码100011)
印　　装：中煤（北京）印务有限公司
710mm×1000mm　1/16　印张13　字数280千字　2019年5月北京第1版第2次印刷

购书咨询：010-64518888　　　　　　　　　　售后服务：010-64518899
网　　址：http://www.cip.com.cn
凡购买本书，如有缺损质量问题，本社销售中心负责调换。

定　　价：68.00元　　　　　　　　　　　　　版权所有　违者必究

前言
PREFACE

　　色彩几乎是设计里最抽象和感性的部分。面对一个家居环境，很多人也许无法对设计提出专业意见，但是一定会做出类似这样的评价："这个颜色不好看"，"这个配色太惊艳了"。由此可见，视觉产生的情感导向十分重要，是决定一个家居设计案例成败的关键。也可以说，色彩是一切美学的基础。

　　本书用简单、易懂的语言从色彩的基础知识开始，由浅入深地阐述了色彩搭配的设计常识，让读者无论是从风格开始选择，还是从居住者的性别、年龄特点入手，都可以轻松地完成色彩的设计。此外，书中最后一章节，特约设计师针对设计案例，对不同家居空间的配色详尽讲述了配色理念及方法，以专业的角度为读者提供了配色思路。

　　在成文体例方面，本书将专业、繁琐的色彩知识总结成速查表的形式，并用精炼、简短的语言概述色彩运用的特点、宜忌，方便读者查阅、理解。同时，提炼出 62 个配色技巧，帮助读者快速攻破家居色彩设计的难点，最终完成令人称赞的室内设计方案。

目 录
CONTENTS

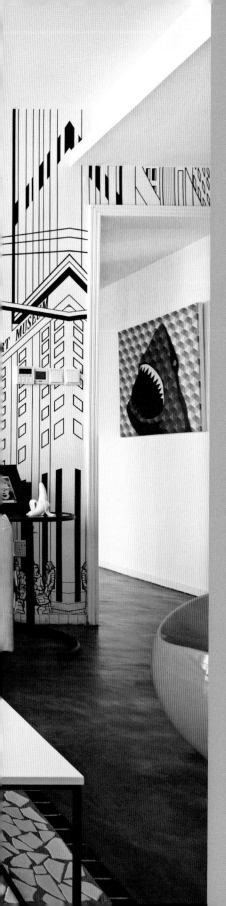

01

色彩的
基础常识

　　对家居空间进行配色设计之前，需要对色彩建立初步的印象，如了解什么是色彩组合、色彩属性等概念。同时，需要掌握一些色彩之间的搭配技巧。只有对色彩的特性进行充分了解，才能够为更系统地进行色彩设计提供良好的保证。

色彩组合
认识色彩基本构成的手段

　　丰富多样的颜色可以分成两个大类，即有彩色系和无彩色系。有彩色具备光谱上的某种或某些色相，统称为彩调。与此相反，无彩色就没有彩调。其中，有彩色系又可以分为暖色系、冷色系和中性色。

色彩组合分类速查

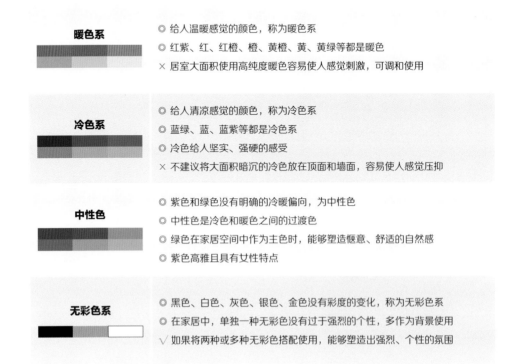

暖色系
◎ 给人温暖感觉的颜色，称为暖色系
◎ 红紫、红、红橙、橙、黄橙、黄、黄绿等都是暖色
✕ 居室大面积使用高纯度暖色容易使人感觉刺激，可调和使用

冷色系
◎ 给人清凉感觉的颜色，称为冷色系
◎ 蓝绿、蓝、蓝紫等都是冷色系
◎ 冷色给人坚实、强硬的感受
✕ 不建议将大面积暗沉的冷色放在顶面和墙面，容易使人感觉压抑

中性色
◎ 紫色和绿色没有明确的冷暖偏向，为中性色
◎ 中性色是冷色和暖色之间的过渡色
◎ 绿色在家居空间中作为主色时，能够塑造惬意、舒适的自然感
◎ 紫色高雅且具有女性特点

无彩色系
◎ 黑色、白色、灰色、银色、金色没有彩度的变化，称为无彩色系
◎ 在家居中，单独一种无彩色没有过于强烈的个性，多作为背景使用
√ 如果将两种或多种无彩色搭配使用，能够塑造出强烈、个性的氛围

配色技巧

用好不同色系，可以调整家居空间的氛围

暖色为主的软装搭配	能够避免居室的空旷感和寂寥感
冷色为主的软装搭配	在视觉上可让人感觉大些；也可以让人口多的家庭显得安静
中性色为主的软装搭配	小空间适合高明度的中性色，空旷的空间适合低明度的中性色
无彩色为主的软装搭配	基本没有对居室面积的限制，可塑造出时尚和前卫的氛围

▲ 暖色为主的软装搭配

▲ 冷色为主的软装搭配

▲ 中性色为主的软装搭配

▲ 无彩色为主的软装搭配

色彩属性
决定了配色效果的呈现

色彩属性是指色彩的色相、明度和纯度，色彩是通过这三种属性被准确地描述出来，而被人们感知的。进行家居配色时，遵循色彩的基本原理、使配色效果符合规律才能够打动人心，而调整色彩的任何一种属性，整体配色效果都会发生改变。

色彩属性分类速查

色相

◎ 色彩所呈现出来的相貌，是色彩首要特征，也是区别不同色彩的最准确标准

◎ 由三原色（红、黄、蓝）演化而来

◎ 将其两两组合，得出三间色（紫、绿、橙）

◎ 原色与间色组合又得到六个复合色

◎ 除了黑、白、灰外，所有色彩都有色相属性

明度

低明度 ◄──► 高明度

◎ 色彩的明亮程度，明度越高的色彩越明亮，反之则越暗淡

◎ 白色是明度最高的色彩，黑色是明度最低的色彩

◎ 同一色相的色彩，添加白色越多明度越高，添加黑色越多明度越低

纯度

高纯度 ◄──► 低纯度

◎ 色彩的鲜艳程度，也叫饱和度、彩度或鲜度

◎ 纯色纯度最高，无彩色纯度最低

◎ 纯度越高的色彩给人感觉越活泼

◎ 加入白色调和的低纯度使人感觉柔和

◎ 加入黑色调和的低纯度使人感觉沉稳

配色技巧

色相决定整体印象，明度、纯度制造差异

在进行家居配色时，整体色彩印象是由所选择的色相决定的，例如红色、绿色或黄色、蓝色等对比色组合为主色，使人感觉欢快、热烈；蓝色或蓝色与绿色等类似色组合为主色，使人感觉清新、稳定。而改变一个色相的明度和纯度，就可以使相同色相的配色发生或细微或明显的变化。

▲ 其他部分的颜色完全相同，仅仅更换床品的色彩，粉色床品的组合使人感觉浪漫、唯美，而蓝色床品组合使人感觉更清爽、干净。

▲ 相同蓝色系的床品，左图纯度高，给人感觉明亮、轻快；右图降低了明度和纯度，明快程度有所降低，显得更稳定、干练。

色彩寓意
与居住者休戚相关的色彩元素

当不同波长色彩的光信息作用于人的视觉器官，通过视觉神经传入大脑后，人经过思维会与以往的记忆及经验产生联想，从而形成一系列的色彩心理反应，称为"色彩的寓意"。了解色彩的寓意，能够有针对性地根据居住者的性格、职业来选择适合的家居配色方案。

色彩寓意分类速查

红色

◎ 象征活力、健康、热情、喜庆、朝气、奔放
◎ 能够引发人兴奋、激动的情绪
√ 少量点缀使用，会显得具有创意
✕ 大面积使用高纯度红色，容易使人烦躁、易怒

粉色

◎ 通常给人浪漫、天真的感觉，让人第一时间联想到女性特征
√ 可以使激动的情绪稳定下来，有助于缓解精神压力
√ 适用于女儿房、新婚房等

黄色

◎ 积极的色相，使人感觉温暖、明亮，象征着快乐、希望
√ 大面积在家居中使用，提高明度会更显舒适
√ 特别适用于采光不佳的房间及餐厅

橙色

◎ 比红色的刺激度有所降低，比黄色热烈，是最温暖的色相
◎ 具有明亮、轻快、欢欣、华丽、富足的感觉
√ 较为适用于餐厅、工作区
✕ 若空间不大，避免大面积使用高纯度橙色，容易使人兴奋

蓝色

◎ 给人博大、静谧的感觉，是永恒的象征

◎ 纯净的蓝色能够使人的情绪迅速镇定下来

× 采光不佳的空间避免大面积使用明度和纯度较低的蓝色，容易使人感觉压抑、沉重

绿色

◎ 具有和睦、宁静、自然、健康、安全、希望的意义

◎ 大面积使用绿色时，可以采用一些具有对比色或补色的点缀品

√ 特别适合儿童房和需要渲染自然气息的居室

紫色

◎ 象征神秘、热情、温和、浪漫及端庄优雅

◎ 明亮或柔和的紫色具有女性特点

√ 适合小面积使用，若大面积使用，建议搭配具有对比感的色相

褐色

◎ 又称棕色、赭色、咖啡色、啡色、茶色等

◎ 属于大地色系，可使人联想到土地，使人心情平和

√ 可以较大面积使用

√ 常用于乡村、欧式古典家居，也适合老人房，可带来沉稳的感觉

白色

◎ 明度最高的色彩，能营造出优雅、简约、安静的氛围

√ 具有扩大空间面积的作用，可搭配温和的木色或用鲜艳色彩点缀

× 大面积使用白色，容易使空间显得寂寥

灰色

◎ 给人温和、谦让、中立、高雅的感受，具有沉稳、考究的装饰效果

◎ 能够营造出具有都市感的氛围

√ 使用低明度灰色时，需控制使用面积或采用与高明度色彩组合的图案

黑色

◎ 明度最低的色彩，给人带来深沉、神秘、寂静、悲哀、压抑的感受

√ 可作为家具或地面主色

√ 非常百搭，可以容纳任何色彩，怎样搭配都非常协调

× 不建议墙上大面积使用，易使人感觉沉重、压抑

配色技巧

根据色彩灵感来源，选择适合自己的家居配色

在进行家居配色之前，可以先了解居住者的一些喜好，如喜爱的景观是森林还是大海；是喜欢中式传统的厚重，还是偏好北欧通透的干净等。根据居住者喜好定位家居空间的主色调，可以快速打造出令居住者满意的家居配色。

黄色是来源于阳光的配色，给人带来温暖的感觉。运用在家居空间，可增添温馨感。

褐色土壤是体现自然感的绝佳色彩，在乡村风格的居室中运用，可以很好地体现风格特征。

家居配色来源于森林，绿色作为软装主色，搭配藤制的家具，森林气息浓郁。

明度不一的蓝色用在装饰画、抱枕和地毯上，十分清新，是来自于海洋的配色。

来源于中式江南民宿的配色（黑、白、灰），在家居中运用，韵味十足。

北欧国家以干净、通透著称，家居配色也延续了这一特点，白色被大量使用。

粉色的纱裙是小女孩儿的最爱，将粉嫩的色彩运用在儿童房中，可体现天真、烂漫。

色彩角色
决定着空间的配色比例

    家居空间中的色彩，既体现在墙、地、顶，也体现在家具、布艺、装饰品等软装上。它们之中有占据大面积的色彩，也有占据小面积的色彩，还有以装点存在的色彩，不同的色彩所起到的作用各不相同。只有将这些色彩合理区分，才是成功配色的基础之一。

色彩角色分类速查

背景色

◎ 占据空间中最大比例的色彩，占比 60%
◎ 家居中墙面、地面、顶面、门窗、地毯等大面积色彩
◎ 决定空间整体配色印象的重要角色
◎ 同一空间，家具颜色不变，更换背景色，能改变整体空间色彩印象

主角色

◎ 居室内的主体物，占比 20%
◎ 包括大件家具、装饰织物等构成视觉中心的物体，是配色中心
√ 空间配色从主角色开始，可令主体突出，不易产生混乱感
√ 可采用背景色的同相色或近似色；或选择背景色的对比色或补色

配角色

◎ 常陪衬于主角色，占比 10%
◎ 通常为小家具，如边几、床头柜等
◎ 通常与主角色存在一些差异，以凸显主角色
√ 在统一的前提下，保持一定配角色色彩差异，可丰富空间视觉效果

点缀色

◎ 居室中最易变化的小面积色彩，占比 10%
◎ 通常为工艺品、靠枕、装饰画等
√ 通常颜色比较鲜艳，若追求平稳，也可与背景色靠近
√ 可根据其邻近的背景搭配，同时兼顾主体，更容易获得舒适效果

配色技巧

色彩角色并不限于单个颜色

同一个空间中，色彩的角色并不局限于一种颜色，如一个客厅中顶面、墙面和地面的颜色通常是不同的，但都属于背景色。一个主角色通常也会有很多配角色来跟随；另外，点缀色在家居中往往较为丰富、多样，协调好各个色彩之间的关系是进行家居配色时需要重点考虑的问题。

主角色（湖蓝色沙发） ■ CMYK 90 61 47 4	主角色可以是一个颜色，也可以是一个单色系
配角色（褐色茶几、黄色单人沙发） ■ CMYK ■ CMYK 90 61 47 4 90 61 47 4	配角色可以是一个颜色，或者一个单色系，也可以由多个色相组成
背景色（白色顶面、灰色墙面、棕色地面） □ CMYK ■ CMYK ■ CMYK 90 61 47 4 90 61 47 4 90 61 47 4	背景色由顶面、墙面、地面以及地毯组成，往往为多个色相
点缀色（红色装饰画、彩色抱枕等） ■ CMYK ■ CMYK ■ CMYK 90 61 47 4 90 61 47 4 90 61 47 4	点缀色的设置比较自由，通常为多个色相组合而成

色调型配色
色彩外观的基本倾向

　　色调是色彩外观的基本倾向，指色彩的浓淡、强弱程度，在明度、纯度、色相这三个要素中，某种因素起主导作用，就称之为某种色调。色调型主导配色的情感意义在于一个家居空间中即使采用了多个色相，只要色调一致，也会使人感觉稳定、协调。

色调型配色分类速查

纯色调

◎ 不掺杂任何黑、白、灰色，最纯粹的色调

◎ 色彩情感：鲜明、活力、醒目、热情、健康、艳丽、明晰

◎ 是淡色调、明色调和暗色调的衍生基础

✕ 显得过于刺激，不宜直接用于家居装饰

明色调

◎ 纯色调加入少量白色形成的色调

◎ 完全不含有灰色和黑色

◎ 色彩情感：天真、单纯、快乐、舒适、纯净、年轻、开朗

√ 可增加明度相近的对比色，营造活泼而不刺激的空间感受

淡色调

◎ 纯色调中加入大量白色形成的色调，没有加入黑色和灰色

◎ 纯色的鲜艳感被大幅度减低

◎ 色彩情感：纤细、柔软、婴儿、纯真、温顺、清淡

✕ 避免大量单色调运用而致使空间寡淡

√ 可用少量明色调来做点缀

明浊色调

◎ 淡色调中加入一些明度高的灰色形成的色调

◎ 色彩情感：成熟、朴素、优雅、高档、安静、稳重

√ 高品位、有内涵的空间适合运用

√ 利用少量微浊色调搭配明浊色调，可丰富空间层次，显得稳重

浓色调

◎ 在纯色中加入少量黑色形成的色调

◎ 色彩情感：高级、成熟、浓厚、充实、华丽、丰富

√ 为减轻浓色调的沉重感，可用大面积白色融合，增强明快感觉

微浊色调

◎ 纯色加入少量灰色形成的色调，兼具纯色调的健康和灰色的稳定

◎ 比纯色调刺激感有所降低

◎ 色彩情感：雅致、温和、朦胧、高雅、温柔、和蔼

√ 作主角色，可搭配明浊色调的配角色，塑造素雅、温和的色彩印象

暗浊色调

◎ 纯色加入深灰色形成的色调，兼具暗色的厚重感和浊色的稳定感

◎ 色彩情感：沉稳、厚重、自然、朴素

√ 避免暗浊色调的空间暗沉感，可用适量明色调作点缀色

暗色调

◎ 纯色加入大量黑色形成的色调，融合纯色调的健康和黑色的内敛

◎ 所有色调中最威严、厚重的色调

◎ 色彩情感：坚实、成熟、安稳、传统、执着、古旧、结实

√ 主角色为暗色调的空间，少量加入明色调作点缀色，可中和暗沉感

配色技巧

多色调组合更自然、更丰富

一个家居空间中即使采用了多个色相，但色调一样也会让人感觉很单调，且单一色调也极大限制了配色的丰富性。通常情况下，空间中的色调不少于 3 种，背景色会采用 2 ~3 种色调，主角色为一种色调，配角色的色调可与主角色相同，也可作区分，点缀色通常是鲜艳的纯色调或明色调，这样才能够组成自然、丰富的层次感。

两种色调搭配		
将具有健康、活力的纯色调与优雅的淡色调相搭配，使纯色的强烈感被抵消，更为舒适、耐久	纯色 健康但过于刺激	淡色 优雅但过于寡淡	混合色 集两者优点
将具有整洁感的明色调与沉稳的暗色调相搭配，弱化了沉闷感，稳重而不显死板	暗色 威严但易压抑	明色 明快但略显平凡	混合色 集两者优点

▲ 左右两图均为同相型组合，可以看出，即使采用同相型配色，只要色调丰富，也不会让人感觉过于单调。

三种色调搭配

	暗色	明色	淡色	混合色
厚重的暗色调加入淡色调和明色调后，丰富了明度的层次感，不再沉闷、压抑	健康但过于刺激	明快但略显平凡	优雅但过于寡淡	集三者所长

◄ 以无色相的黑、白、灰为主的空间中，采用不同色调的组合，也能够使人感受到丰富、自然的层次。

015

色相型配色
形成开放与闭锁的配色效果

　　配色设计时，通常会采用至少两到三种色彩进行搭配，这种使用色相的组合方式称为色相型。色相型不同，塑造的效果也不同，总体可分为开放和闭锁两种感觉。闭锁类的色相型用在家居配色中能够塑造出平和的氛围；而开放型的色相型，色彩数量越多，塑造的氛围越自由、活泼。

色相型配色分类速查

同相型配色

◎ 同一色相中，在不同明度及纯度范围内变化的色彩为同相型

◎ 如深蓝、湖蓝、天蓝，都属于蓝色系，只是明度、纯度不同

◎ 属于闭锁型配色，效果内敛、稳定

◎ 适合喜欢沉稳、低调感的人群

√ 配色时，可将主角色和配角色采用低明度的同相型，给人力量感

类似型配色

◎ 色相环上临近的色相互为近似色

◎ 90°角以内的色相均为近似色

◎ 如以天蓝色为基色，黄绿色和蓝紫色右侧的色相均为其近似色

◎ 属于闭锁型配色，比同相色组合的层次感更明显

√ 配角色与背景色为类似型配色，给人平和、舒缓的整体感

互补型配色

◎ 以一个颜色为基色，与其成 180° 直线上的色相为其互补色

◎ 如黄色和紫色、蓝色和橙色、红色和绿色

◎ 属于开放型配色，可令家居环境显得华丽、紧凑、开放

◎ 对比感更强，适合追求时尚、新奇事物的人群

√ 背景色明度略低时，用少量互补色作点缀色，可增添空间活力

冲突型配色

◎ 色相冷暖相反，将一个色相作基色，120° 角的色相为其对比色

◎ 该色左右位置上的色相也可视为基色的对比色

◎ 如黄色和红色可视为蓝色的对比色

◎ 属于开放型配色，具有强烈视觉冲击力，活泼、华丽

◎ 降低色相明度及纯度进行组合，刺激感会有所降低

三角型配色

◎ 色相环上位于三角形位置上的三种色彩搭配

◎ 最具代表性的是三原色即红、黄、蓝的搭配，具有强烈的动感

◎ 三间色的组合效果更温和

◎ 属于开放型配色

√ 一种纯色＋两种明度或纯度有变化的色彩，可降低配色刺激感

四角型配色

◎ 指将两组类似型或互补型配色相搭配的配色方式

◎ 属于开放型配色，营造醒目、安定、有紧凑感的家居环境

◎ 比三角型配色更开放、更活跃

√ 软装点缀或本身包含四角形配色的软装，更易获得舒适的视觉效果

全相型配色

◎ 无偏颇地使用全部色相进行搭配的类型

◎ 通常使用的色彩数量有五种或六种

◎ 属于开放型配色，最为开放、华丽

✕ 如果冷色或暖色选取过多，容易变成冲突型或类似型

配色技巧

色相呈现感觉根据距离和数量有所区别

色相之间距离越远、色相的数量越多，形成的色相型开放感和活泼感越强；反之，则越内敛、闭锁。其中，同相型因使用的是不同明度和纯度的同色相，所以执著感最强；而六色全相型基本包含了所有色相，所以最为活泼、自然。

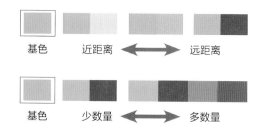

主角色、配角色、背景色决定了空间色相型的构成

在居室的配色中，面积较大的色彩可以分为主角色、配角色以及背景色三种位置，它们的色相组合以及位置关系决定了整个空间的色相型。可以说，空间的色相型是由以上三个因素之间的色相关系决定的。色相型的决定通常以主角色作为中心，确定其他配色的色相，也可以用背景色作为配色基础。

三角型与四角型配色效果对比

三角型	三角型配色兼具动感与平衡感，是最为稳定的搭配方式，不易出错	去掉三角型配色中的绿色，变成黄色与紫色的对决型，不再显得热烈	去掉三角型配色中的黄色，变成绿色与紫色的准对决型，显得沉闷
四角型	紫色和绿色，蓝色和黄色，两组对决色构成的四角型，安定而紧凑	只有紫色与绿色的对决型配色，仍然紧凑但不够柔和，比四角型呆板一些	去掉紫色和黄色，在蓝色和绿色区域形成类似型配色，封闭而寂寥

五色全相型与六色全相型配色效果对比

五色全相型	全相型配色是最为开放的色彩组合方式，具有欢快、自由的节日气氛	去掉全相型中的紫色，变成四角型配色，相对而言不够热烈	去掉全相型中的紫色和绿色，变成三角型配色，稳定但缺少变化
六色全相型	六色构成的全相型配色比五种颜色的全相型更为热烈、活跃	在进行全相型配色时，如果选取的颜色位置不平衡，则易变成准对决型	若选取的颜色在色相环上偏于一侧，全相型就会变成三角型

色彩调整
改善空间缺陷的有效方式

　　室内空间的比例在大多数情况下都存在一些不尽如人意的地方，而色彩可以利用视觉的错觉来改善这些缺陷。当一个房间中其他不变，仅改变墙体或家具的颜色时，这个空间就可能变得更宽敞或者更窄小。

色彩调整分类速查

膨胀色

◎ 能够使物体的体积或面积看起来比本身要膨胀的色彩

◎ 高纯度、高明度的暖色相都属于膨胀色

√ 空旷感家居中，使用膨胀色家具，可使空间看起来更充实

收缩色

◎ 使物体体积或面积看起来比本身大小有收缩感的色彩

◎ 低纯度、低明度的冷色相属于收缩色

√ 窄小家居空间中，使用收缩色，能令空间看起来更宽敞

前进色

◎ 高纯度、低明度的暖色相有向前进的感觉，为前进色

√ 适合在空旷的房间做背景色，避免寂寥感

后退色

◎ 低纯度、高明度的冷色相具有后退的感觉，为后退色

√ 能让空间显得宽敞，适合用作小面积空间或狭窄空间的背景色

重色

◎ 感觉重的色彩为重色

◎ 相同色相，深色感觉重

◎ 相同纯度和明度，冷色感觉重

√ 房间高度过高，可在顶面用重色，拉近顶面与地面距离

轻色

◎ 使人感觉轻，具有上升感的色彩

◎ 相同色相，浅色具有上升感

◎ 相同纯度和明度，暖色感觉较轻，有上升感

√ 房间高度低，可在顶面用轻色，在地面用重色，拉大距离

高重心配色

◎ 将房间所有色彩的重色放在顶或墙面，为高重心配色

◎ 具有上重下轻的效果，可利用重色下坠的感觉使空间产生动感

√ 层高较高，与长、宽比例不协调，可适当用深色增加顶面重量感

低重心配色

◎ 将房间所有色彩的重色放在地面上，为低重心配色

◎ 重心在下方时，呈现上轻下重的效果，感觉稳定、平和

√ 重色可用于地面，也可以用于家具

√ 可用深色家具搭配深色地面，两者之间的明度拉开，更具层次感

配色技巧

通过色相、明度和纯度的对比，让色彩特点更明确

    将色相、明度和纯度结合起来对比，可以将色彩对空间的作用表达得更明确。暖色相和冷色相对比，前者前进、后者后退；相同色相的情况下，高纯度前进、低纯度后退，低明度前进、高明度后退。暖色相和冷色相对比，前者膨胀、后者收缩；相同色相的情况下，高纯度膨胀、低纯度收缩，高明度膨胀、低明度收缩。同色相中，浅色具有上升感，深色具有下沉感；同色调中，暖色相具有上升的感觉，冷色相具有下沉感。

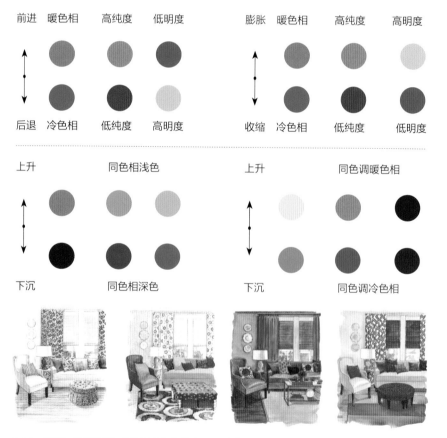

▲ 同一空间，在家具款式基本不变的情况下，改变配色方案，会让空间看起来完全不同。从左往右，配色方案使空间显得越来越紧凑。

收缩色与膨胀色对比图示

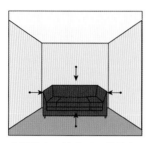

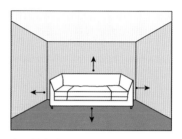

空间狭小，软装采用收缩色，增加空间宽敞感。

空间较宽敞，软装采用明度高的膨胀色，空间具有充实感。

前进色与后退色对比图示

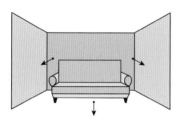

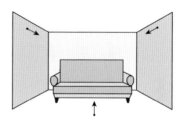

背景墙为低明度且纯度高的色彩，视觉上大大缩小了空间进深。

背景墙为高明度色彩，视觉上增加了空间进深。

重色与轻色对比图示

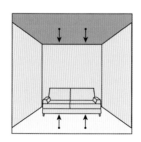

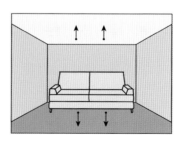

空间层高较高，吊顶用重色，地板用轻色，降低了层高。

空间层高较低，吊顶用轻色，地板用重色，视觉上增加了空间高度。

02

配色印象
的表达

不同色彩组合，带给人的色彩印象也不尽相同，如暖色调温暖、活泼，冷色调清新、干净。即使是同一色相，不同色调的感觉也有所区别：如纯色组合热闹、喜庆，暗色组合沉稳、厚重等。通过对色彩进行有效的组合搭配，可以形成独特的色彩印象，令居室呈现出百变容貌。

清新、凉爽
以冷色为主色，暖色只做点缀

扫码看更多

清新、凉爽型配色印象给人的感觉应是干净、透彻的，常以蓝色、青色等冷色以及中性的绿色为主，配色之间采用低对比度，整体配色融合感强。另外，无论是蓝色还是绿色，单独使用时，都建议与白色组合，白色可做背景色，也可做主角色，能够使清新感更强烈。

色彩搭配速查表

淡蓝色系	◎ 明度接近白色的淡色调蓝色，最能表达配色印象
	◎ 也可用明浊色调和纯度较高的蓝色
	◎ 适合小户型或炎热地带
	√ 搭配白色能加深清新的氛围
	√ 可加入一些蓝色的其他色调或浅灰色做调节
淡绿色系	◎ 中性色的淡绿色或淡浊绿色，清新、自然，且不冷清
	◎ 淡绿色系做点缀色，纯度可高一些
	◎ 淡绿色系做背景或主角色，建议调整明度
	√ 可用大量白色与淡绿色系组合
蓝色系 + 绿色系	◎ 两种色彩的色调可拉开一些差距，且需要搭配白色
	◎ 一种色彩为高明度的淡色调，另一种的纯度稍高
	√ 空间面积不大，可用白色占据主要地位
	√ 可搭配淡湖蓝色或淡黄绿色软装，增添清淡、干净的感觉
浅灰色系	◎ 采用淡色调或明浊色调的灰色
	◎ 浅银灰、蓝灰、茶灰及灰蓝色，清新中带有温顺、细腻的感觉

清新、凉爽型空间配色技巧

用材质特点强化清新感

　　当配色方式固定时，如果想要强化清新感，可用材质做调节。总体来说，木料、棉麻类的自然材料承托色彩，要比皮革类的材质更清新，因为木料和布料给人的感觉非常柔和，符合清爽感的选色理念，即使木料经过刷漆处理，也仍具有此种感觉。如果地面能够使用白色或接近白色的材料，清新感会更强，但如果觉得太冷硬，也可使用大地色的木地板，不容易破坏整体的清新印象。

< 白色和蓝色为主的空间，清新感浓郁，地面即使使用了浅木色地板，也不会破坏这种印象。

避免暖色调用作背景色和主角色

　　清新、凉爽型配色印象应尽量避免将暖色调作为背景色和主角色，如果暖色占据主要位置，则会失去清爽感。暖色调可以作为点缀色使用，如以花卉的形式表现，弱化冷色调空间的冷硬感。

	色相对比	色调对比
✓	冷色系为主色，营造清凉感觉	淡色调和微浊色调的蓝色，明快、清爽
✗	暖色系为主色，活力感强，毫无清爽感	过于晦暗的冷色，缺少清爽的感觉

清新、凉爽型空间配色案例解析

淡蓝色系

背景色 ⚪⚫　　配角色 ⚫

主角色 ⚫　　点缀色 ⚫⚫⚫⚫

设计说明 客厅运用不同明度的蓝色搭配白色作为空间的主体配色，为居室奠定了清新的基调，同时运用黄色抱枕及海星装饰来作为点缀，活跃了空间氛围。

淡绿色系

背景色 ⚪⚫

主角色 ⚫⚫

配角色 ⚫⚫

点缀色 ⚫⚫⚫

设计说明 大面积的白色奠定了空间清爽、干净的基调。空间中使用了不同明度的绿色系，色彩的变化使空间清新中又不乏层次感。小面积棕褐色家具的搭配，稳定了空间的配色。

浅灰色系

背景色

主角色

配角色

点缀色

设计说明　淡雅的灰色调令空间呈现出舒适、柔和的清新感觉。黑色地面与灰色墙面形成色彩渐变，增强了配色的稳定性。灰蓝色系的沙发作为主角色，与背景墙面的色彩统一中又带有变化，极具趣味。利用绿植和花盆作为空间中的点缀色，为清新的空间中注入了生机。

蓝色系 + 绿色系

背景色

主角色

配角色

点缀色

设计说明　大面积蓝色搭配少量低纯度绿色，作为卧室空间的配色，塑造出了具有重量感及稳定感的清新空间，可以提高睡眠质量。

自然、生机
绿色、大地色是配色首选

扫码看更多

　　体现自然印象的配色，可以从自然界中的泥土、树木、花草等事物中寻找灵感，常见的有棕色、土黄色、褐色等大地色系以及绿色、黄色等。其中，浊色调的绿色无论是组合白色、粉色还是红色，都具有自然感，而自然韵味最浓郁的配色是用绿色组合大地色系。

色彩搭配速查表

绿色系

◎ 最具代表性的自然印象色彩，带来希望、欣欣向荣的氛围
◎ 加入白色，显得更清新
◎ 搭配大地色，则更有回归自然的感觉
√ 空间面积不大，可融入大量白色和少量黑色

绿色系 + 黄色系

◎ 高明度的绿色系和黄色系可以表现出生机盎然的色彩效果
◎ 以绿色为主色，氛围更清新
◎ 以黄色为主色，更显居室的温馨效果
√ 若不想配色过于亮眼，可加入白色和蓝色作调剂

大地色系

◎ 与泥土最接近的颜色，常用的有棕色、茶色、红褐色、栗色等
◎ 按照不同色调进行组合，再加入浅色，自然中带有稳定感
✕ 若只用大地色系内部组合，不使用木类材料，很难凸显出自然感

绿色系 + 红色、粉色点缀

◎ 用明浊或微调的绿色做主色，红色或粉色做配角色或点缀色
◎ 源于自然的配色，非常舒适，不刺激
◎ 采用低明度组合，可令家居清新之余，还具有活泼感

自然、生机型空间配色技巧

将配色与图案、材质相结合，体现自然气息

表现自然印象的居室中，可以选择用带有花朵、树叶图案的壁纸或布艺来表现。另外，大地色在家居配色中最常见的是棕色和茶色，在使用此类色彩时，如果能用自然类的材料将其显现出来，就会强化自然的配色印象，例如木料、藤、竹、椰壳板等材料。

< 装饰画以及抱枕上的花朵图案与绿色植物相得益彰，使居室的自然感更强烈；大量布艺织物、家具以及木地板的运用也与自然韵味相符。

不适合大量运用冷色系及艳丽的暖色系

自然型的家居配色中，不适合大面积使用冷色系以及艳丽的暖色，以免破坏自然气息。例如绿色的墙面，搭配高纯度的红色或橙色家具，就会令家居环境完全失去了自然韵味，但这些亮色可以小范围地运用在饰品上。

	色相对比	色调对比
✓	绿色和褐色组合，自然韵味十足	含有灰色的浊色，显得雅致、自然
✗	没有茶色与绿色，联想不到自然气息	明亮的单色调，唯美，但缺乏自然感

自然、生机型空间配色案例解析

绿色系

背景色 ●● ●
主角色 ●
配角色 ●
点缀色 ● ●

设计说明 空间中的背景色和主角色均为绿色，令空间的自然感十足。灰白色系与绿色系同属背景色，两色搭配使空间配色显得干净而清新。大量木色作为配角色出现，使空间的自然气息更加浓郁。红色抱枕作为点缀色，提亮了空间配色，形成视觉跳跃点。

绿色系 + 黄色系

背景色 ● ● ●
主角色 ○
配角色
点缀色 ● ●

设计说明 纯正的黄色搭配草绿色，令卧室空间犹如盛夏的田野，体现出无尽的自然感，居住在其中也会令人心情愉悦而又舒畅。白色床品和蓝色地面作为调剂配色，令空间配色自然中不失清爽。

大地色系

背景色 ⚪⚫　　配角色 ⚪

主角色 �　点缀色 ●●⚫

设计说明　大地色系作为空间中的背景色，不同明度的变化形成层次感进行调节，质朴而又厚重。灰白色系既是主角色，又是配角色，使空间看起来具有格调。蓝色与紫色作为点缀色，使空间具备了法式田园的浪漫氛围。

绿色系 + 红色、粉色点缀

背景色 ⚪◐⚫

主角色 ●●

配角色 ⚪

点缀色 ⚫◐

设计说明　空间中采用了自然型家居中最经典的3种色彩，绿色、红色和大地色，三者之间的配色约为等比，使空间配色稳定中又有对比感。其中浅淡的绿色作为背景色，奠定了自然型空间的基调。大地色系的地面使空间的配色更显沉稳。红色系的花朵图案，丰富了空间的配色层次。

朴素、雅致
无色系与浊色系为主要配色

扫码看更多

　　朴素、雅致的配色印象主要靠柔和的色调来表现，色彩上以白色、灰色以及茶色为主。此类配色印象容易让人感觉单调，可以加入一些低纯度但不宜过暗的蓝色或绿色，来调节空间整体的层次感，为家居空间增加一点清新感。

色彩搭配速查表

无彩色系 	◎ 无彩色系中的黑、白、灰其中的两种或三种组合做主要配色 √ 配色时加入少量银色，可令家居环境更时尚 × 配色时，黑色不宜大面积使用 √ 可将黑色作为配色，体现洗练、理性的空间感觉
灰色系	◎ 搭配蓝色、灰绿色，能够体现出理智、有序的素雅感 ◎ 搭配茶色系，具有高档感 × 灰色色调很重要，不宜使用太暗的灰色 √ 适合采用具有柔和感的灰色调 √ 软装可选择同样简约、纯净的色系
茶色系	◎ 浅棕＋灰色＋少量米色，可以体现素朴印象，同时带有禅意 ◎ 棕色＋米色／白色，体现素雅、大方感 √ 淡色调茶色或米色装饰墙面，搭配茶色系家具，加入白色做调节，即使小空间也适用
蓝色系点缀	◎ 用蓝色系表现朴素感，主要依靠色调和配色来实现 × 避免明亮或淡雅的蓝色，否则会导致配色印象转变为清新感 √ 选择带有灰度的色调，组合灰色、蓝绿色、茶色系、白色中的一至两种 × 基本不建议用在墙面 √ 可用在沙发、地毯或靠枕

朴素、雅致型空间配色技巧

色彩面积掌控总体感

总体来说，朴素、雅致的空间塑造，要将几种代表性的色彩有选择性地组合起来，但占据大面积位置以及占据重点位置的色彩不同，所塑造的印象就会略有差别。如以灰色为主，搭配茶色和蓝色朴素感更强；若茶色为主，搭配灰色和蓝色，空间印象朴素中不乏柔和。

< 茶色系为主占据大面积，灰色占据小面积，所以氛围在素雅的整体感中偏向于柔和。

要避免高彩度色彩大面积出现

塑造具有朴素、雅致感的家居空间，应尽量避免高彩度色彩的大面积出现，如果做点缀使用，数量也最好不要超过两种，否则很容易改变配色印象。反之，如果想要改变素雅的配色，那么加入一些高彩度的色彩即可。

	色相对比	色调对比
✓	灰色和茶色可以体现素雅感	带有灰色的蓝绿色做点缀，可体现素雅
✗	高纯度的配色容易产生华丽、活泼感	纯度和明度较高的蓝、绿色，自然、清爽、浓郁

朴素、雅致型空间配色案例解析

无彩色系

背景色 ⚪⚫⚫　配角色 ⚫

主角色 ⚫⚫　点缀色 ⚫

设计说明 黑白灰为主色，为家居空间奠定了朴素的基调。由于色彩之间采用了调和搭配的手法，使无彩色的空间也不显单调，十分适合商务男士。

灰色系

背景色 ⚪⚫

主角色 ⚫

配角色 ⚫

点缀色 ⚫⚫⚫

设计说明 客厅软装部分大量运用了灰色系，如沙发和地毯，但通过不同色调的灰色来塑造空间层次，丰富客厅配色。另外，客厅中其他配色，如白色，木色，浊色调的蓝、绿色等，都符合雅致空间的配色印象。

茶色系

背景色 ⚪ ⚫

主角色 ⚫

配角色 ⚫

点缀色 ⚫ ⚫

设计说明 餐厅中的茶色主要表现在木地板和木门上，天然材质搭配素雅茶色，将朴素的配色印象表露无余。另外，黑色餐桌和餐椅起到稳定空间配色的作用，使空间配色不至于过于轻飘。

蓝色系点缀

背景色 ⚪ ⚫

主角色 ⚫

配角色 ⚫

点缀色 ⚪ ⚫

设计说明 白色、黑色和木色为主色的餐厅空间，体现出雅致而不乏格调的配色印象。暗色调蓝色用在餐椅上，不会破坏空间原有配色印象，反而增添了配色亮点。

冷静、坚实
以彰显家居干练感为配色目标

扫码看更多

冷静、坚实的配色印象给人带来强烈的都市感，因此，无彩色系中的黑色、灰色、银色等色彩与低纯度的冷色搭配，最能够表现这类空间的配色印象。若在以上任意组合中添加茶色系，则能够增加厚重、时尚的感觉，可以表现出高质量的生活氛围。

色彩搭配速查表

冷色系

◎ 微浊色调、暗浊色调为主的蓝色、紫色等冷色系色彩为主色
✕ 避免用暖色作为点缀色，容易破坏空间的配色印象
√ 搭配灰色或黑色，可令空间具有稳定感

茶色系点缀

◎ 茶色系作为主角色，能够增加空间坚实、厚重的感觉
√ 可将茶色系用在家具及布艺软装上，如窗帘、地毯等

红色系点缀

◎ 避免清冷感，可用红色作为点缀色，能够活跃空间氛围
✕ 红色不宜在空间配色中大量运用
√ 尽量作为配角色和点缀色使用

无彩色系组合

◎ 搭配金、银这两种无彩色，冷静中不失轻奢美感
√ 可将棕黑色大面积用在墙面，不会产生沉重感

冷静、坚实型空间配色技巧

结合材质表达冷静、坚实的配色印象

冷静、坚实的家居环境在配色的选择上与朴素型空间配色类似，均以黑白灰等无彩色和茶色系为主。若想区别空间配色印象，可以从材质上入手。冷静、坚实的家居环境需要用金属、玻璃等材质来塑造；而朴素型家居的材质则常用布艺、木质来体现。

∧ 同样采用茶色系，左图背景墙运用了茶镜，右图则将茶色运用在了布艺沙发上，虽是同类色调，却因材质的不同，左图具有冷静、坚实感，右图具有朴素、雅致感。

不适宜大面积使用高纯度色彩

冷静、坚实的家居环境，常依赖无彩色系，如黑色、灰色、白色等，其中灰色可带有彩色倾向，例如蓝灰、紫灰等。但是，都市气息的居室不适宜用大面积的高纯度彩色系来进行装饰，否则会破坏空间的都市气息。

	色相对比	色调对比
✓	灰色与蓝色远离自然感，都市气息浓郁	素雅的浊色调，可以体现出优雅的都市感
✗	绿色与褐色组合自然感浓郁	配色接近纯色，形成休闲、运动的印象

冷静、坚实型空间配色案例解析

茶色系点缀

背景色 ⚪ ⚫

主角色 ⚫ ⚫ ⚫

配角色 ⚫

点缀色 ⚫ ⚫ ⚫

设计说明 客厅中的茶色主要体现在单人沙发和背景墙面的茶镜上，同时抱枕和留声机也同为茶色系，形成色彩上的呼应，又与空间中的地面、地毯，以及茶几的色彩为同类色系，整体空间配色统一中不乏变化。

红色系点缀

背景色 ⚫ ⚫ ⚫

主角色

配角色 ⚫

点缀色 ⚫

设计说明 半开放的卧室虽然为奢华的欧式风格，却由于大面积用色较为沉稳，体现出冷静、坚实的配色印象，适合追求高品质生活趣味的居住者。同时，用红色金属镂空隔断作为空间中的跳色，带来视觉冲击，丰富空间配色。

冷色系

背景色 ○ ●●   配角色 ● ●

主角色 ●   点缀色 ● ● ●

设计说明 灰蓝色作为背景色，表达出冷静、坚实的特征。沙发旁坐凳的色彩为空间中的配角色，与背景色同属蓝色系，但不同的明度对比，使空间配色更具层次。电视背景墙采用咖网纹大理石，丰富空间配色的同时，也令空间更具质感。

无彩色系组合

背景色 ●

主角色 ●

配角色 ●

点缀色 ● ●

设计说明 灰色用作客厅的背景色，奠定了空间坚实的氛围。黑色是明度最低的色彩，与灰色搭配，避免了大面积灰色的轻飘感。白色是明度最高的色彩，用其做点缀，可以扩大配色的张力。

活泼、轻快
力求鲜艳、有朝气的配色印象

扫码看更多

以高纯度暖色为中心的家居配色设计，最具活泼、轻快感。纯正的红色、橙色、黄色，是表现活泼感不可缺少的色彩。而从色相型来看，全相型配色的活泼感十足，所以理论上，以暖色为主的色彩数量越多，活力感越强，但如果控制不好，容易使人感觉过于喧闹，建议使用两种左右的纯色最佳。

色彩搭配速查表

暖色系
◎ 高纯度暖色系中的两种或三种色彩组合
◎ 橙色作为主角色，搭配白色和少量黄色，明快而活泼
◎ 白色做背景色，暖色组合用在家具上，能使氛围更浓郁
√ 做点缀色纯度可高一些，做背景或主角色，建议调整明度

对比配色
◎ 以高纯度的暖色为主角色，将其用在墙面或家具上
◎ 搭配对比或互补色，例如红与绿、红与蓝、黄与蓝、黄与紫等
◎ 相比近似型暖色组合，此种方式色相差大，活力感更强、更开放

单暖色 + 白色
◎ 白色 + 任意高纯度暖色，可通过明快对比，强化暖色的活泼感
◎ 暖色可用于重点墙面和家具
√ 若暖色周围都是白色，效果更佳
√ 地面用褐色系，增添层次感，且能缓和高纯度暖色的刺激感

多彩色组合
◎ 全相型，没有明显的冷暖偏向
√ 配色中至少要有三种明度和纯度较高的色彩
√ 可将高彩度色彩放在白色墙面上，使色彩对比更加突出

活泼、轻快型空间配色技巧

选择动感图案可以强化活力感

采用圆形、曲线、折线、色块拼接等具有动感的图案可以增加居室的活力。举例来说，单独的粉红色墙面和粉红色带有圆形对比色花纹的壁纸相比，后者要比前者活泼很多。在使用时，可以将花纹运用在布艺沙发、窗帘、地毯上。

特别提示

带有动感的图案占据面积不宜太大，否则容易使人晕眩。

< 浓色调的红色活力感有所降低，所以在地面上使用了折线花纹的同色地毯来增强活力感。

避免冷色系或暗沉的暖色系为主色

活力氛围主要依靠明亮的暖色相为主色来营造，冷色系加入做调节可以提升配色的张力。如果高纯度的暖色没有占据重要的位置，或者所有的纯调色彩都作为点缀色使用，背景色中有浊色调或暗色调，活力的感觉会被大幅度减弱或直接被转变为其他色彩印象。

	色相对比	色调对比
✓	暖色相为主，体现出鲜明的活力	鲜艳的色调充满活力感
✗	冷色相为主，体现清爽感，缺乏活力	色调淡雅，过于平和、内敛，缺乏活力

◆ 活泼、轻快型空间配色案例解析

暖色系

背景色 ○ ◐ ●

主角色 ○

配角色 ◑

点缀色 ◑ ● ◐

设计说明 以鲜艳的橙色和粉红色做碰撞，激发出活力感，点缀以具有对比效果的蓝、绿色，使配色效果更为开放。另外，白色具有干净、宽敞的视觉效果，起到了扩大客厅空间的作用。

对比配色

设计说明 蓝色和黄色从色相的关系上具有对比感，又均采用了纯色调，进一步强化了这种对比感，在深色地面的衬托下，实现了色调上的层次感，空间整体显得非常活泼。

背景色 ◑ ● 配角色 ◐ ●

主角色 ◑ 点缀色 ◑ ◐

单暖色 + 白色

背景色

主角色

配角色

点缀色

设计说明　客厅采用了白色作为背景色，奠定了空间干净、整洁的基调。为了凸显出空间的活泼感，在主角色的选择上采用了暖色系中的蔷薇色（沙发）。

多彩色组合

背景色

主角色

配角色

点缀色

设计说明　空间中的色彩多样，包括高纯度的红色、绿色、黄色、蓝色等，给餐厅带来绚丽、活泼的配色印象。虽然空间中的色彩较多，但由于利用了全相型配色方式，使整体空间配色不显凌乱。

浪漫、唯美
梦幻、甜美的女性色彩最常见

扫码看更多

　　表现浪漫、唯美的配色印象，需要采用明亮的色调营造梦幻、甜美的感觉，例如粉色、紫色、蓝色等。另外，如果用多种色彩组合表现浪漫感，最安全的做法是用白色做背景色，也可以根据喜好选择其中的一种做背景色，其他色彩有主次地分布。

色彩搭配速查表

紫色系	
	◎ 淡雅的紫色具有浪漫感觉，同时具有高雅感
	◎ 可在紫色中加入粉色与蓝色
	√ 将明亮的紫色和粉色组合作为软装主色，浪漫感更浓郁
	√ 搭配白色，显得更纯净

粉色系	
	◎ 或明亮、或柔和的粉色皆可
	◎ 作为背景色，浪漫氛围最强烈
	◎ 搭配黄色更甜美，搭配蓝色更纯真，搭配白色更干净
	√ 家具色彩选择与墙面色彩的同类色，能够避免混乱感

蓝色系	
	◎ 需选用最具有纯净感的明色调
	◎ 选择近似色相的组合形式，使浪漫感更稳定、更浓郁
	◎ 可组合类似色调的其他色彩，如明亮的黄色、紫色、粉色等
	× 切忌选择深色调或暗色调，这类色调完全没有浪漫感

多彩色组合	
	◎ 粉色为必不可少的色彩
	◎ 紫色、蓝色、黄色、绿色可随意选择，但主色调保持为明色调
	√ 家具与墙面采用同样的配色，再用粉色系作配角色或点缀色

浪漫、唯美型空间配色技巧

利用轻缈的材质结合配色凸显浪漫氛围

　　浪漫、唯美型的空间除了在色彩上体现配色印象之外，还可以通过材质来凸显空间氛围。例如，白色或蓝色的纱帘、帷幔等；或者带有蕾丝花边的布艺，都可以将浪漫的空间格调渲染到极致。

< 沙发背景墙上利用紫色的薄纱帷幔进行装点，既体现出空间浪漫的氛围，又与沙发色彩形成统一。

避免纯色调 + 暗色调 / 冷色调组合

　　浪漫、唯美型的居室较适合明亮的色相，可以利用其中的 2 到 3 种搭配。反之，如果使用纯色调、暗色调或者冷色调的色彩互相搭配，则不会产生唯美、浪漫的效果。

	色相对比	色调对比
✓	粉色、粉紫色皆具有浪漫、唯美感	明亮色调的紫红色具有纯净、浪漫感
✗	茶色与绿色自然感十足，但缺乏浪漫感	暗涩调的紫红色具有古典感，缺乏浪漫感

浪漫、唯美型空间配色案例解析

紫色系

背景色 ◐ ○

主角色 ○ ◐

配角色 ○

点缀色 ●

设计说明 淡紫色的墙面为卧室奠定了唯美、清新的基调，同时选择白底紫花的床品进行搭配，和谐中充满了女性柔美的特质。白色的纱制床帏在材质上与空间的气质相符。

多彩色组合

背景色 ● ● ●

主角色 ●

配角色 ●

点缀色 ● ●

设计说明 花朵壁纸的墙面虽然色彩很多，但均源于自然界，且十分淡雅，并不会让人感到混乱，反而令人非常愉悦；家具色彩选择了墙面色彩的同类色，能够避免混乱感，也让浪漫感更强。

蓝色系

背景色 〇 ● ●

主角色 〇

配角色 ●

点缀色 ● ●

设计说明 大面积的白色作为背景色及主角色，显得空间明亮、宽敞又整洁；同时少量加入蓝绿色的软装饰，因糅合了冷色和中性色，与白色搭配起来，效果清新又不会过于冷清。

粉色系

背景色 ● ● ●

主角色 〇 ●

配角色 ●

点缀色 ● ●

设计说明 墙面利用不同明度的粉色进行搭配，淡雅、柔和的配色方式给人梦幻、浪漫的印象。白色与粉色搭配，使空间呈现出干净的浪漫色彩。黄褐色的地面形成上轻下重的配色，是一种稳定性极强的配色方式。淡蓝色与粉色作为点缀色，与背景色的融合度极高，又增添了视觉变化。

温馨、柔和
以明亮暖色来彰显配色印象

扫码看更多

具有温馨感的配色印象，主要依靠明亮的暖色作为主色来塑造。常见的色彩有黄色系、橙色系，这类色彩最趋近于阳光的感觉，可以为居室营造出暖意洋洋的氛围。在色调上，纯色调、明色调、微浊色调的暖色系均适用。

色彩搭配速查表

黄色系	◎ 来源于阳光的色彩，可营造出充满温馨感的家居氛围
	◎ 柠檬黄和香蕉黄是最经典的配色
	√ 尤其适用于餐厅及卧室的配色
	√ 若不喜欢过于明亮的黄色，可加入少量白色的明色调

橙色系	◎ 相较于黄色系，更有安全感
	◎ 较深的橙色系，适合用于卧室，可令睡眠环境更沉稳
	◎ 较浅的橙色系，适用于玄关，令小空间显得更明亮
	√ 可作为空间中的背景色，奠定空间温馨的基调
	√ 若觉得过于激烈，则可用作居室的配角色和点缀色

木色系	◎ 可用在居室内的地面、墙面、家具
	√ 大面积使用，最好采用浅木色
	√ 深木色可作为调剂，丰富空间的层次感

黄色/木色+红色	◎ 黄色＋红色，同属暖色系，可起到对比鲜明的效果，又不会显得突兀
	◎ 木色＋红色，令空间显得更柔和
	√ 黄色与红色的运用比例最佳为6：4或7：3
	√ 若觉得黄色＋红色过于抢眼，可加入白色进行调剂

温馨、柔和型空间配色技巧

材质、图案和灯光是塑造温馨家居的法宝

　　除了运用大面积暖色，若用带有暖度的木地板、饰面板和木家具，同样可以提升空间的温暖指数；儿童房中用带有太阳图案的壁纸和手绘墙，既具童趣，又温馨。暖黄色灯光则能令空间笼罩在一片暖意之中，使人感觉踏实、心安。

< 儿童房的墙面和顶面虽然运用了大面积的蓝色和绿色，但由于家具和地板均为木质，所以不显清冷；顶面的太阳图案也在一定程度上提升了空间的温馨指数。

避免冷色调占据过大面积

　　暖色调使人感觉温暖，冷色系使人感觉凉爽、冷硬，塑造具有温暖气氛的居室，应以暖色调为背景色及主色，而避免冷色调占据过大面积，使空间失去温暖感。另外，无色系中的黑色、灰色、银色也应尽量减少使用。

	色相对比	色调对比
✓	暖色调的黄橙色系，温暖感十足	纯、明、微浊色调的黄色可以体现温馨感
✗	不论是淡色调，还是暗色调的冷色，都没有温暖感	暗浊色调及暗色调的黄色缺乏温馨，显得较为沉重

温馨、柔和型空间配色案例解析

黄色系

背景色 ○ ● ●

主角色 ○

配角色 ●

点缀色 ● ● ●

设计说明　黄色系的客餐厅具备温馨、明亮的空间效果，同时采用不同明度的橙色作为空间的色彩调剂，令整个空间的配色显得丰富而具有和谐性。

橙色系

背景色 ●

主角色 ○

配角色 ○ ●

点缀色 ●

设计说明　橙色的墙面将卫浴小空间装点得非常具有活力，且温馨感十足；而白色坐便器、窗帘、家具等的运用，则令空间配色显得更加通透。

木色系

背景色 　　　配角色 ●●

主角色 　　　　　　　点缀色 ●●

设计说明　运用木色和黄色来奠定空间中的温馨基调，同时运用红色作为点缀；虽然空间中大量使用了灰色调以及小面积的暗浊色，却不会影响整体空间的温馨感。

黄色 / 木色 + 红色

背景色 ○

主角色 ●

配角色 ● ●

点缀色

设计说明　木色地板和茶几质感自然，在暖黄的灯光下更显温馨；玫红色沙发是空间中最亮的色彩，起到提亮空间配色的作用，其独有的暖色调，也与空间整体基调相符。

厚重、沉稳
具有历史沧桑感的配色最适宜

扫码看更多

　　厚重、沉稳的配色印象主要依靠暗、浊色调的暖色及黑色来体现，配色采用近似色调，用淡浊色调的色彩做背景色，可以调节效果，避免过于沉闷。另外，如果将暗暖色如巧克力色、咖啡色、绛红色等与黑色同时使用，则可以融合厚重感和坚实感。

色彩搭配速查表

暗暖色	◎ 以暗浊色调及暗色调的咖啡色、巧克力色、暗橙色、绛红色等作为居室主要色彩
	√ 为避免大面积应用的沉闷感，可搭配白色或同色系淡色做调节

黑色系	◎ 黑色是明度最低的色彩，可表达坚实、厚重的色彩印象
	◎ 与无色系组合，黑色占据大面积能具有厚重感
	◎ 若在暗暖色组合中加入黑色，则除了厚重感，还兼具坚定感
	√ 为避免黑色过重造成沉闷，可用棕红色作为配角色

中性色点缀	◎ 以深色调或浊色调暖色系为配色中心
	◎ 组合中加入暗紫色、深绿色等与主色为近似色调的中性色
	√ 不同明度的中性色可用在墙面、地面、家具、配饰上，增添明快感

暗暖色 + 暗冷色	◎ 暗暖色（主色）+ 暗冷色形成对比配色，增加空间印象的可靠感
	◎ 背景色可选择白色或浅米色，避免暗沉感
	√ 不喜欢色相对比，可利用色调对比来强化层次

厚重、沉稳型空间配色技巧

善用图案调节厚重、沉稳型居室的层次

　　塑造具有厚重、沉稳感的居室时，会经常大面积使用厚重的暖色，如同时在墙面、地面和家具上使用。但由于大块面的暗浊暖色很容易产生沉闷感，在设计时可以用花纹来规避这一问题。例如用墙纸代替墙漆，棕色带米色花纹的壁纸要比棕色的木质显得更灵活一些。

< 虽然室内大面积地使用了大地色，但墙面以及地面材料的花纹弱化了厚重感，避免了沉闷感。

尽量避免使用高浓度暖色

　　暗浊色调的暖色具有厚重感，可以少量地使用高纯度暖色做点缀，但数量不宜过多。尽量不要选择高浓度暖色作为主角色或配角色，如红色、紫红色、金黄色等，此类色调具有华丽感，很容易改变厚重的印象。

	色相对比	色调对比
✓	暖色相为主色，形成古朴、厚重的印象	深暗暖色表达厚重感、传统感十分到位
✗	冷色系为主色，过于果敢，与厚重感相悖	暖色相的明浊色带有安宁感，但缺乏厚重

厚重、沉稳型空间配色案例解析

暗暖色 + 暗冷色

背景色 ⚪ ⚫　　配角色 ⚫ ⚫

主角色 ⚫　　　　点缀色 ⚪ ⚫ ⚫

设计说明　灰色和深绿色组合的家具，既兼容了现代感，又体现出厚重感；而紫红色和黄色的抱枕则增添了空间的活跃感，同时令空间的软装设计显得更有格调。

暗暖色

背景色 ⚪ ⚫ ⚫

主角色 ⚫

配角色 ⚫

点缀色 ⚫

设计说明　茶色的卧室背景墙作为背景色，奠定了空间沉稳的色彩基调。米灰色的大量使用中和了暗浊色系带来的沉闷感，使空间配色沉稳中不失轻快感。深褐色窗帘及家具作为空间中最重色彩，迎合了空间厚重的配色印象。

黑色系

背景色 ○ ●

主角色 ●

配角色 ○

点缀色 ● ●

设计说明　大面积黑色系的运用，使餐厅空间显得理性而沉稳。为了避免过多黑色带来的压抑感，分别在顶面、墙面和地面采用了白色系来作为调剂；同时，运用带有对比感的红色与绿色作为空间中的点缀色，活跃了暗色系空间的配色层次。

中性色点缀

背景色 ○ ● ●

主角色 ●

配角色 ●

点缀色 ● ●

设计说明　白色与浅灰色具有很强的融合力，能够使重点配色更为突出；而加入了黄灰色的绿色更加稳定，与红棕色窗帘搭配，具有古代典型大红大绿搭配的韵味。

03

第三章

家居风格与
配色设计

　　色彩设计和家居风格休戚相关，因其是最显著、最易体现风格特征的元素之一。每一种家居风格都有与之相匹配的色彩诉求，而同一种色彩可以适用于多种家居风格。在进行设计时，可以根据居住者喜欢的色彩来定风格，也可根据居住者所喜欢的风格特点来选择色彩。

现代风格

配色大胆、追求视觉效果差

　　现代风格的家居在色彩搭配上较为灵活、多变，既可以将色彩简化到最少程度，如仅用黑白灰来进行配色设计；也可以用饱和度较高的色彩做跳色。除此之外，还可以使用强烈的对比色彩，像是白色配上红色或深色木皮搭配浅色木皮，都能凸显空间的个性。

色彩搭配速查表

白色 + 黑色

◎ 白色为主色（80%~90% 白 +10%~20% 黑），最具经典、时尚效果
◎ 黑色为主色（60% 黑 +20% 白 +20% 其他色彩），具有神秘、沉稳感
× 纯黑色用在墙面上容易显压抑，不适合大面积使用
√ 若黑色用在墙面，适合采光好的房间，也可选择带有纹理的材料
√ 白色做背景色，黑色用在主要家具上，适合小空间

白色 + 灰色

◎ 以白色为主，灰色为辅助或者颠倒过来均可
◎ 配色方式干净、利落，且兼具都市感，适合年轻单身人群
√ 为了避免单调，可以搭配一些前卫感的造型

白色 + 金属色

◎ 白色为主色，电视墙、沙发墙等重点部位用银色、金色或古铜色
◎ 白色 + 银色增添科技感，白色 + 金色增添低调的奢华感
◎ 组合造型简洁的家具，配色显得大众化
◎ 组合解构式的家具，则配色个性感更强

无色系组合

◎ 黑、白、灰三色组合基本不加任何其他色彩，效果冷静
◎ 最明亮的白色 + 最暗的黑色 + 位于中间的灰色，配色层次更丰富
◎ 此色彩组合，简约风格也常用，主要依靠家具和墙面造型作区分

无彩色 + 高纯度色彩

◎ 将高纯度或接近纯色的色彩做主色，配色效果大胆、个性
◎ 适合追求特立独行与创新意识强烈的居住者
× 高纯度色彩运用不当，会使人觉得过于刺激
√ 保险的做法可将高纯度色彩运用在软装上

对比型配色

◎ 双色相对比 + 无色系，冲击力强烈，配玻璃、金属材料效果更佳
◎ 多色相对比 + 无色系，最活泼、开放；使用纯色张力最强
◎ 用色调差产生对比，较缓和，具有冲击力，但不激烈
√ 采用不同颜色的涂料与空间中的家具、配饰等形成色彩对比

棕色系为主色

◎ 常用棕色系包括深棕色、浅棕色以及茶色
◎ 棕色系可作为背景色和主角色大量使用，具有厚重感和亲切感
√ 可选择茶镜作为墙面装饰，通过材质提升现代氛围
√ 使用纯色调或低明度色调的棕色更能表现前卫感

现代风格配色技巧

个性色彩搭配新奇材料可以使现代风格更前卫

现代风格不仅配色个性，通常还会搭配一些冷质材料，如石材、金属、玻璃、塑料以及合成材料等。配色时，通常会将这些冷质材料运用在家具或墙面装饰上，通过材质和色彩的双重对比来表现完全区别于传统风格的高度技术家居氛围。

< 几何形状的透明玻璃茶几现代感十足，提升了以灰色为主色家居的个性氛围。

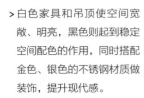

> 白色家具和吊顶使空间宽敞、明亮，黑色则起到稳定空间配色的作用，同时搭配金色、银色的不锈钢材质做装饰，提升现代感。

造型结合配色是表现现代风格的重要元素

现代风格除了具有个性的配色与选材外，另一个显著特点是造型新颖、奇特，在保证基本功能的基础上，体现出居住者的个性追求。平面构成除了横平竖直的直线外，也会采用几何图形、不对称等手法。这种将色彩与造型结合的手法，能够营造出独特的视觉效果。

∧ 白色为主色的家居中，利用土黄色做搭配，使配色更加稳定；墙面和吊顶的不规则线条则增加了空间的流动性，更添现代、个性氛围。

现代风格配色案例解析

无色系组合

背景色

主角色

配角色

点缀色

设计说明 在黑、白、灰为主的搭配中加入自然暖色调的木质背景墙，其天然的纹理和时尚的造型，可帮助打造舒适的现代风格。而以黑色和白色作为主色调的沙发具有鲜明的色彩反差，凸显出现代风格张扬个性、大胆前卫的设计效果。

无彩色 + 高纯度色彩

背景色

主角色

配角色

点缀色

设计说明 浅灰色的沙发背景墙与深灰色的沙发令空间整体统一，同时奠定了雅致、厚实感；搭配红色、橙色、绿色的布艺织物做点缀，形成了色彩感和明度的双重对比，融合了坚毅和甜美，打破了常规的配色方式，效果个性。

对比型配色

以高明度的红、黄、蓝、绿为软装色调，营造出张力十足的色彩基调。而墙地顶则采用白色系，融合了各类高明度色调，令空间充满活力感。以蓝色的沙发为软装主角色，搭配红色和绿色的座椅为配角色，装饰效果活泼、靓丽。

背景色　配角色
主角色　点缀色

背景色
主角色
配角色
点缀色

设计说明 黄色热烈而明亮，组合灰色和白色，既典雅又不失活泼感，演绎出另类的时尚感；为避免过于刺激，选择了低明度的蓝色组合进来，与个性的造型椅一起展现现代风格中夸张的一面。

简约风格
配色干净、简洁，以简胜繁

扫码看更多

　　简约风格的特点是简洁明快、实用大方，讲求功能至上，形式服从功能。配色也遵循了风格特点，多采用黑、白、灰为主色，以简胜繁。另外，高饱和度的亮色经常作为点缀使用，为配色效果增加些个性感。

色彩搭配速查表

无彩色系相互搭配

◎ 黑色和白色组合，白色宜大面积使用，黑色穿插，效果较明快
◎ 明度高的灰色具有时尚感，与白色搭配，做背景色或主角色均可
◎ 明度低的灰色可以单面墙、地面或家具来展现

白色（主色）+ 暖色

◎ 组合红色、橙色、黄色等高纯度暖色，简约中不失亮丽、活泼
◎ 搭配低纯度暖色，则具有温暖、亲切感觉
✕ 搭配高纯度暖色，面积不要过大，否则容易形成现代家居印象
√ 高纯度暖色一般用在配角色和点缀色上

白色（主色）+ 冷色

◎ 搭配蓝色、蓝紫色等冷色相，可塑造清新、素雅的简约家居
◎ 白色与淡蓝色搭配最为常见，可令家居氛围更显清爽
◎ 搭配深蓝色，则显得理性而稳重

白色（主色）+ 中性色

◎ 一般会加入黑色或灰色做调剂，稳定空间配色
◎ 紫色与灰色和黑色组合比较有个性
◎ 绿色与灰色和黑色组合可以被多数人接受

白色（主色）+ 浅木色

◎ 两者搭配最能体现简洁、素雅的风格诉求
◎ 也可以加入黑色、深蓝色等深色调剂，令空间的稳定感加强

白色（主色）+ 对比色

◎ 白色需做背景色，对比色仅做点缀使用
✕ 若大面积使用对比配色，容易成为现代风格配色
√ 对比色所占比例不宜超过空间配色的 10%

白色（主色）+ 多彩色

◎ 白色需占据主要位置，如背景色或主角色
✕ 多彩色搭配若超过三种，容易令简约感减弱
√ 可以通过一种色彩的色相变化来丰富配色层次

简约风格配色技巧

黑色在简约风格的家居中可作为跳色

　　黑色具有神秘感，但不适合大面积使用在简约风格的家居中，不仅容易使人感觉阴郁、冷漠，而且也背离了简约风格追求简洁、明快的初衷。但是黑色在简约风格的配色中，可以作为跳色使用，如以单面墙或主要家具来呈现，这样的配色可以为家居环境带来稳定感。

∧ 空间大面积色彩为白色和灰色，为了增加稳定感，茶几运用了黑色系。

用图案强化简约风格家居的个性感

若觉得简约风格的家居中，以白色为主色显得过于单调，可以利用图案进行变化，如将黑和白两色涂刷成条纹形状，再搭配少量高彩度色彩做点缀，仍是无色系为主角，但却体现出个性；或者选择带有简约特点的地毯或布艺等，即使不采用彩色，只有黑白灰，加上一些图案也会显得很丰富。

> 客厅背景墙面为不同明度的灰色壁纸，图案的变化使空间配色也随之丰富起来。

> 空间主色为无色系，在用蓝色系的抱枕与坐墩丰富配色的同时，地毯也选择了简洁中不失变化的图案，令空间显得灵动性十足。

简约风格配色案例解析

◆

无彩色系相互搭配

背景色 ● ○

主角色 ●

配角色 ●

点缀色 ● ●

设计说明 大面积白色以丰富的造型出现，点缀黑色的家具，在色彩上形成了激烈的碰撞，体现出"简约而不简单"的精髓。棕色的真皮沙发搭配米色的地毯，具有浓郁的都市氛围，给人舒适、温馨的感觉。

白色（主色）+中性色

背景色 ○

主角色 ●

配角色 ● ●

点缀色 ●

设计说明 客厅配色简约、干净，白色系的背景色搭配少量绿色、咖啡色，增添了生活气息。咖啡色的实木电视柜与绿色座椅、布艺织物形成很好的视觉反差，令人联想到厚实的大地和生机勃勃的小草。

白色（主色）+ 暖色

背景色 ○ ● 配角色 ●

主角色 ● 点缀色 ● ●

设计说明　黑、白为主色的空间干净、利落，银色金属材质在墙面的运用，丰富了空间的视觉层次，也增添了空间的独特韵味；亮黄色的座椅成为空间中最夺目的色彩，为空间增加暖度的同时，也使简约风格的家居充满了活力。

白色（主色）+ 多彩色

背景色 ○ ● ●

主角色 ●

配角色 ○

点缀色 ● ● ●

设计说明　不同明度的黄色木地板作为背景墙，与众不同，和白色乳胶漆搭配，表现简约主题。蓝色主沙发穿插大花的紫色沙发和明黄色的抱枕，令空间动感十足。而灰色为主调的地毯和白色茶几则演绎出简约风格的典雅风尚。

工业风格

以暴露钢筋、水泥原色为特点

扫码看更多

工业风格给人的印象是冷峻、硬朗、个性的，一般选择经典的黑白色作为主色调，也常选择原木色、灰色、棕色在居室中大面积使用，以更凸显工业风格的魅力所在。如果想令风格中带有艺术化特征，则可以用到玛瑙红、复古绿、克莱茵蓝、姜黄色等作为辅助色进行搭配。

色彩搭配速查表

黑白灰组合

◎ 最常见的工业风配色，可创造出多层次的变化

◎ 白色为主色，典型的轻工业风格，冷静、又有气质

◎ 黑色为主色，可塑造出视觉冲击，营造出雄性、理性的空间质感

水泥灰

◎ 可采用直接暴露毛坯房顶面或墙面的方式，具有粗犷感

◎ 可用在主题墙面，塑造视觉焦点

◎ 也可整空间运用，加强工业风格

红砖色 / 棕红色

◎ 红裸砖符合工业风不羁的特性

◎ 也可涂刷黑色、白色或灰色，老旧却又摩登

√ 局部使用，可与室内其他墙面形成视觉反差，更出彩

√ 若担心砖墙冷硬，可用布艺和靠垫去中和

白色 + 黑色 + 木色

◎ 带有素雅、自然感的工业风配色

◎ 白色常作为背景色存在，木色作为主角色存在

◎ 黑色常作为点缀使用，用于家具或水管装饰中

无色系 + 亮色

◎ 最具温馨感和艺术感的工业风配色

◎ 若亮色为点缀，可加强空间的温馨感

◎ 若亮色占据大面积空间，则艺术感加强

无色系 + 金属色 / 铁锈色

◎ 令空间配色更具有质感

◎ 银色比金色更适合空间塑造

◎ 家具或墙面材质带有铁锈色，可塑造复古工业风

√ 若感觉金属色过于冷调，可将金属色与浅木色做混搭，保留家中温度，又不失粗犷感

没有主次之分的色调

◎ 用不同色调的色块并置，使其之间相互干扰，产生新视觉效果

◎ 用相似的深浓色彩配色，令人分不清家中的背景色和主角色

工业风格配色技巧

善用材质丰富工业风格的配色层次与质感

　　想要凸显出工业风格的配色层次与质感，可以结合材料来设计。硬装方面，裸露的石灰墙和红砖墙既能体现风格特征，又能起到丰富配色的作用；在软装方面，金属家具和装饰品则是绝佳选择。

特别提示　如果觉得金属过于冷调，还可以用木质或者皮质元素来搭配。

∧ 黑色的书架、书桌腿以及金色的灯具都运用了金属材质，表达出工业风格的冷调；再用皮质单人座椅和木质的吊顶来中和材质上的冷硬，使空间变得更加平易近人、适合居住。

用纯粹的色彩做跳色，可以带来视觉跳跃感

由于工业风格在背景色的选择上大多为黑白灰三色，也常用红砖墙、深木色作为空间主色。因此，如果选择彩色作为点缀色，常会选用纯色调、明色调和浓色调等相对比较纯粹的色彩，这样才可以和主色之间形成很好的区分，起到丰富配色、带来视觉跳跃的效果。

> 纯度较高的蓝色装饰画和绿色地毯丰富了空间配色，令工业风的居室显得生动，富有生机。

> 黄色座椅在无色系的空间中成为点缀配色，为冷静的空间带来活跃、生动的表情。

工业风格配色案例解析

黑白灰组合

背景色 ●○　　配角色 ●

主角色 ●　　　点缀色 ●●

设计说明 由于黑色占据了空间大面积的配色，彰显出硬朗、厚重的视觉效果；清水模板电视背景墙既营造出色彩的深浅变化，又将工业风格的粗犷感表露无余。

水泥灰

背景色 ●●

主角色 ●

配角色 ●

点缀色 ●

设计说明 空间顶面直接裸露处理，搭配黑色的管线灯具，后工业气息浓郁；同时，运用一面水泥墙与顶面做色彩呼应，使配色更具连贯性；而棕色皮质沙发和砖墙则丰富了空间的配色层次。

红砖色

背景色 ● ○
主角色 ●
配角色 ▨
点缀色 ●

设计说明　大面积的红色砖墙，粗犷而复古；为了避免空间配色过于冷硬，用与墙面接近的木色地板和餐桌做中和，在材质上形成冷暖对比；角落处的黄色单人沙发是空间中最亮的色彩，为小餐厅注入了活力。

没有主次之分的色调

背景色 ●
主角色 ●
配角色 ●
点缀色 ●

设计说明　开放式的空间中，顶面、墙面和地面的色彩都为红棕色系，没有主次之分的配色体现出工业风格的独特与艺术化特征；但由于色彩上做了明度上的区分，使空间配色并不显单调，反而层次感丰富。

新中式风格
融合型配色彰显现代思维

扫码看更多

　　新中式风格设计的主旨是"原汁原味"的表现及自然和谐的搭配方式。在进行色彩设计时，需要对空间的整体色彩进行全面考虑，不要只是零碎的小部分堆积而忘记了整体效果。如果只是简单的构思和摆放，其后期的效果将会大打折扣。其配色来源大多为中式宫廷和园林。

色彩搭配速查表

白色 / 米色 + 黑色

◎ 白色 / 米色作为背景色，黑色做主角色或选择黑白组合的家具

◎ 若觉得黑白搭配的色调对比太强，可用米色代替白色

× 黑色会使空间显得压抑，不适合大量使用

√ 若空间采光较好，可适当增加黑色的使用，使配色显得更坚实

√ 适合空间面积不是很大的新中式风格

√ 为避免单调感，可加入金色或银色作为点缀色使用

白色 + 灰色

◎ 可以塑造出类似苏州园林或京城民宅风格的家居，极具韵味

◎ 可将白色或灰色中任一种作主色，另一种作辅色

√ 可搭配色调相近的软装，丰富家居空间的层次

棕色系

◎ 最常与白色组合，浅灰色搭配也很常见，黑色常做层次调节加入

◎ 深棕或暗棕与无色系组合是园林配色的一种演变，具有复古感

√ 可作主角色用在主要家具上

√ 也可作配角色用在边几、坐墩等小型家具上

白色 / 灰色 + 皇家色

◎ 白色 / 灰色 + 红色 / 黄色，最具中式韵味，具有皇家的高贵感

◎ 白色 / 灰色 + 蓝色 / 青色，体现出肃穆的尊贵感

× 红色或黄色如果大面积使用，很容易使人感觉烦躁

√ 将红色 / 黄色与靠枕、摆件等结合最具协调感

√ 蓝色 / 青色最常用浓色调，少采用淡色或浅色

近似色

◎ 红色与黄色搭配最常运用，体现尊贵感

◎ 想在传统氛围中增加清新感，可使用蓝色或青色与绿色组合

√ 色彩明度上大多柔和、清浅，但也可拉开两色之间的明度差

对比色

◎ 多为红蓝、红绿、黄蓝对比

◎ 在主色中加入一组对比色，能够活跃空间氛围

◎ 对比色若放在白色等浅色背景上，对比感会强一些

◎ 对比色若放在棕色等深色背景上，对比感会弱一些

√ 对比色明度不宜过高，纯色调、明色调或浊色调均可

中性色

◎ 中性色的紫色使用较多，其尊贵感和神秘感与风格较相符

◎ 中性色的绿色多作为点缀色使用，平衡空间配色

√ 中性色配色避免过于淡雅，加入灰色或黑色更符合风格特点

√ 可选择略带一点黄色的绿色丝绸布艺，更符合风格意境

新中式风格配色技巧

先定主色，再定辅色，可加强风格内涵

新中式风格讲求空间内涵，配色可以丰富，但一定不能凌乱。在配色时，可以先从背景色入手，而后搭配家具，或者先选家具再配背景色。无论何种方式，点缀色的选择一定要最后根据主色来定，是选择同类色呼应，还是用对比色活跃。

< 空间中的背景色为白色系，主角色为蓝色，最后加入红色系的配角色和点缀色，虽然空间中有对比配色，却不显杂乱。

> 窗帘采用孔雀蓝，家具用米黄色和紫色组合的中式造型，搭配蓝色和绿色为主的抱枕，虽然空间配色较多，但大多为近似型配色，相互之间的融合度较高。

用中式图案结合色彩，强化风格特点

中式风格有一些流传已久的具有代表性的独特造型和图案，将其与配色组合，能够使新中式的韵味更浓郁。例如，花鸟、山水等，可以用水墨画、手绘墙等方式表现出来。这样的图案运用在空间中，即使配色仍以无色系为主角，但素雅中可以具有一些艺术感，且会使空间显得更有层次。

∧ 大面积白色的餐厅，为了避免单调，在背景墙上绘制梅花图案，既丰富了配色层次，又令风格特征更加明显。

青年人居住的新中式家居可用鹅黄色

由于新中式风格不像古典中式风格那样显得厚重，因此即便是年轻人也可以选择。但为了符合其年龄特征，可以用鹅黄色搭配紫蓝色或嫩绿色来装饰空间。鹅黄色代表的是清新、鲜嫩的家居氛围，与青年人的朝气相符。

∧ 黄色的单人椅和台灯是空间中最亮的颜色，起到活跃空间氛围的目的；与蓝色和绿色相结合，为空间带来了活力与时尚感。

室内设计实战手册

新中式风格配色案例解析

白色 + 黑色

背景色

主角色

配角色

点缀色

设计说明 当整体配色方式倾向于简约的黑白灰时，镂空雕花的隔断和中式座椅能够强化古典氛围，同时搭配少量黑色调，令空间更具典雅气息。棕色布艺织物兼容了灰色的细腻感和茶色系的古典，彰显一种带有柔和感的底蕴。

棕色系

背景色

主角色

配角色

点缀色

设计说明 新中式风格家具可以选择棕黄色实木与白色布艺相结合的方式，来满足现代人追求舒适的体验。另外，深棕色的实木隔断令客厅具有了进深感，与米色调的墙漆相搭配，可令空间显现出独特的古韵。

对比色

背景色 　　配角色

主角色 　　点缀色 ●●●

白色 + 皇家色

背景色 ○

主角色 ●

配角色 ●

点缀色 ●●

设计说明　红色布艺织物与白色的中式壁画为古韵空间带进了一丝热烈，增添了尊贵的气质。棕色系的真皮沙发与黑色的坐凳营造出中式一丝不苟的态度。黄色的抱枕则以轻盈的姿态，柔化了整体氛围。

新欧式风格

色彩搭配宜高雅而和谐

扫码看更多

　　新欧式风格保留了古典欧式的部分精髓，同时简化了配色方式，白色、金色、暗红色是其最常见的颜色。若追求素雅效果，可以将黑、白、灰组合作为主要配色，添加少量金色或银色；若追求厚重效果，可以用暗红、大地色做主要配色；若追求清新感觉，则可以将蓝色作为主要配色。

色彩搭配速查表

白色 / 象牙白（主色）

◎ 常作为家居中的主色，呈现开放、宽容的非凡气度

√ 搭配同类色，可营造出朴素、大气、不乏时尚感的家居环境

√ 可在配色中糅合淡雅色调，如米黄、浅灰等，丰富空间视觉效果

× 区别于欧式古典风格，不宜用厚重、华丽的色彩做点缀

白色 + 黑色 / 灰色

◎ 白色为主色，占比 70%~80%；黑色为配色，占比 20%~30%

◎ 白色占据面积较大，不仅用在背景色上，还会用在主角色上

◎ 白色为主搭配黑色、灰色或同时搭配两色，极具时尚感

√ 常以新欧式造型以及家具款式区分其他风格的配色

大地色 + 米色 / 米黄色

◎ 此种配色可给人以开放、宽容的感觉

◎ 米色 / 米黄色作为背景色或主角色，具有柔和的明快感、亲切感

◎ 以大地色为主色，米色或米黄色辅助，具有厚重感、古典感

◎ 喜欢柔和、高雅，可使用米色；喜欢温馨感，可使用米黄色

米色 / 米黄色 + 暗红色

◎ 配色方式带有明媚、时尚感

√ 用黑白花纹的软装装饰效果更好

√ 大空间中，暗红色可作为背景色和主角色使用

× 小空间中，暗红色不适合大面积用在墙面上，可用在软装

白色 + 金色 / 银色点缀

◎ 可以营造出精美的室内风情，兼具华丽感和时尚感

◎ 金色和银色的使用注重质感，多为磨砂处理的材质

√ 金色和银色会被大量运用到金属器皿中

√ 家具的腿部雕花中也常见金色和银色

白色 / 米色 / 米黄色 + 蓝色系

◎ 具有清新自然的美感，符合新欧式风格的轻奢特点

√ 高明度的蓝色应用较多，如湖蓝色、孔雀蓝配色等

× 暗色系的蓝色比较少见

白色 + 紫色系

◎ 具有清新感的配色方式，但比起蓝色来说是一种没有冷感的清新

◎ 紫色可以用在部分墙面，或做配角色、点缀色，是倾向于女性化的配色方式

√ 深紫、浅紫灰色可进行交错运用，更显典雅与浪漫

√ 可少量加入金色或米黄色，使整体配色感觉更华丽

白色 + 绿色点缀

◎ 绿色很少大面积运用，通常作为点缀色或辅助配色

√ 多用柔和的绿色系，基本不使用纯色

√ 也可加入橙色等亮色，时尚又具有个性

新欧式风格配色技巧

根据家具色彩进行家居整体配色

新欧式风格的家具多为设计师的成型作品，会具有明显的风格特征，常用的色彩也都是代表色，例如白色、金色、黄色、暗红色等。如果对整体空间的配色没有把握，可以先选择家具，之后再根据家具的色彩进行其他部分的配色，这样的配色不容易造成层次的混乱。

< 空间中家具的色彩纯度较高，如果背景色也用高纯度色彩，容易令配色显得激烈，没有重点；因此，采用大面积无彩色进行配色，令空间呈现出带有英式新古典低调、轻奢的氛围。

> 家具选用了白色和墨绿色，因此大空间的背景色也为白色调；窗帘、台灯和部分装饰品则选择了绿色系，形成配色上呼应。整体空间显得干净、清爽。

软装织物多为低彩度配色

　　新欧式风格家居中的软装种类很多，包括油画、水晶宫灯、罗马古柱、蕾丝垂幔等，这些都是点睛之物，常作为空间中的点缀色存在。其中，窗帘、桌巾、沙发套、灯罩等布艺织物均以低彩度色调和棉织品为主，可以为家居环境带来品质感。

> 布艺沙发为不同的灰色调，具有素雅感；虽然地毯和抱枕带有蓝色调，桌巾为姜黄色，却因为彩度较低，不会影响空间的品质，反而活跃了空间的配色层次。

> 灰色底带有花纹的欧式布艺沙发奠定了空间的风格特征。带有金属色泽的窗帘彩度较低，因此带有了轻奢的韵味，并与家具腿处的金属色形成了互融。

新欧式风格配色案例解析

大地色 + 米色 / 米黄色

背景色 ●○　　配角色 ●

主角色 ●●　　点缀色 ●●

设计说明　将大地色系用在墙面及地面上，形成稳定且具有厚重感的配色印象。家具选择米色与红色搭配，并选择欧式造型，这样做更适合小面积的空间，具有古典氛围。

白色 + 黑色 / 灰色

背景色 ●○　　配角色 ●

主角色 ▨　　点缀色 ●●

设计说明　白色占据空间的大部分面积，但又不是完全统一的色调，如沙发为旧白色，茶几为纯白等，这种在一种色相内制造层次变化的方式，不会破坏整体感。背景墙中的灰色与灰褐色系的地毯，则提升了空间雅致的风格特征。

白色 + 蓝色系

背景色

主角色

配角色

点缀色

设计说明 白色作为空间中的背景色，粉蓝色系作为主角色，干净、优雅，形成具有女性化的空间氛围。同时，由于家具大多带有金色装饰，提升了空间轻奢的韵味，品质感极高。

白色 + 绿色点缀

背景色

主角色

配角色

点缀色

设计说明 空间中的色彩不多，以黑、白两色为主，塑造出肃穆、端庄的基调，形成冷静的配色效果；而不同明度的绿色作为辅助色加入，以沉稳的色调调和了氛围和层次感，使空间配色变得具有生机。

美式乡村风格
倡导舒适、自然的配色理念

扫码看更多

美式乡村风格以舒适、自由为导向，强调回归自然，散发着浓郁泥土芬芳的色彩是美式乡村风格的典型特征。配色多以大地色为主色，搭配绿色、红色等色彩。除了大地色外，还有一种源自美国国旗的配色方式，即用蓝、白、红结合，以色块穿插或直接以国旗的条纹样式使用。

色彩搭配速查表

大地色

◎ 最接近泥土的颜色，代表自然与简朴，符合美式乡村风格的特质

∨ 可在家居中大面积运用，同时作为背景色和主角色

∨ 可用于地面、家具、背景墙配色

∨ 可利用材质体现色彩，如仿旧的木质材料、仿古地砖等

∨ 组合时，需注意拉开色调差，以避免沉闷感

大地色系 + 白色

◎ 可以塑造出较为明快的美式乡村风格

◎ 适合追求自然、素雅环境的居住者

∨ 空间小，可大量使用白色，大地色作为重点色或点缀色

∨ 若同时组合米色，色调会有过渡感，空间配色显得更柔和

大地色 + 绿色

◎ 最具有自然气息的美式乡村风格

∨ 大地色通常占据主要地位，并用木质材料呈现出来

∨ 绿色多用在部分墙面或窗帘等布艺装饰上

∨ 基本不使用纯净或纯粹的绿色，多具有做旧的感觉

大地色 + 白色 + 蓝色

◎ 大地色为背景色，蓝色为点缀色，白色为主角色

◎ 最具清新感的美式配色，属于新美式风格

◎ 带有一丝地中海感觉，但两者造型不同

∨ 为避免配色平淡，家具可选择棕色和蓝色相结合的木质款式

∨ 蓝色主要是深色调和暗色调

红色 + 白色 + 蓝色

◎ 比邻配色，来源于美国国旗的色彩，常以条纹的形式出现

✕ 一般不宜大面积使用，容易使人感到晕眩

∨ 若三色条纹使用的面积较大，条纹的宽度建议加宽

∨ 大面积使用多出现在美式风格的儿童房中

∨ 若作为客厅配色，可用在布艺沙发或者软装饰中

棕色系 + 蓝色 + 黄色

◎ 最具活泼感的美式配色

∨ 蓝色和黄色任何一种做背景色均可

∨ 棕色系最常用于地面和家具中

∨ 一般蓝色的纯度较低，黄色的纯度可适当高些，带来明媚感

美式乡村风格配色技巧

比邻配色的空间，设计壁炉可用红砖

壁炉是美式乡村风格的代表构件，在配色时，可以将其与色彩结合设计。如比邻配色的家居中，可以将红色部分设计在壁炉上，选择红砖材料来堆砌壁炉，其自带的色泽，符合美式乡村质朴的特点。

特别提示 红砖也可以做墙面造型来使用。

< 红砖造型的壁炉凸显了美式风格，也丰富了空间的配色层次。

> 地图形状的红砖造型，极具创意，其本身的红棕色与空间整体配色协调，同时令白色墙面显得立体。

美式乡村不适宜运用过于鲜艳的色彩

在美式风格中，没有特别鲜艳的色彩，所以在进行配色时，尽量不要加入此类色彩。虽然有时会使用红色或绿色，但明度都与大地色系接近，寻求的是一种平稳中具有变化的感觉。鲜艳的色彩会破坏这种感觉。

∧ 空间中虽然运用了大量的绿色，但由于明度较低，在整体空间的配色中不显突兀。

美式乡村风格配色案例解析

◆

大地色 + 绿色

背景色 ●○●　　配角色 ●

主角色 ●　　　点缀色 ●

设计说明 地面选择了米灰色仿古砖，搭配厚实的木吊顶，凸显美式风格独有的历史气息。背景墙色彩淡雅，搭配深棕色家具，颜色方面与顶面颜色呼应。

大地色

背景色 ●●

主角色 ●

配角色 ●

点缀色 ●●

设计说明 红砖墙面与自然风光的油画塑造出厚重、亲切的感觉；深褐色的茶几具有一种沧桑感和质朴感，搭配米黄色系的布艺沙发，令空间尽显质朴、悠闲。

红色 + 蓝色 + 白色

背景色 ⬤ ⚪

主角色 ⚪ ⬤

配角色 ⬤

点缀色 ⬤ ⬤ ⬤

设计说明 通过红色、蓝色、白色相间搭配的壁纸令视觉层次感丰富；搭配厚重的木质家具，营造出具有强烈美国特色的卧室。另外，空间中生机勃勃的绿植，以及形象逼真的花鸟画，则塑造出带有灵动感的美式乡村风情。

棕色系 + 蓝色 + 黄色

背景色 ⚪ ⬤ ⬤

主角色 ⬤

配角色 ⬤

点缀色 ⬤ ⬤ ⬤

设计说明 明亮的黄色撞击艳丽的蓝色，犹如加州的阳光，使人心旷神怡，感受到活泼、开朗的氛围，非常具有美式风情。带有安稳色调的黄绿色橱柜搭配白色吊顶，中和了蓝色和黄色的强烈对比关系，令空间的色调更为统一。

田园风格

大量来源于自然界中的
色彩搭配

扫码看更多

　　田园风格的最大特点是崇尚自然，追求自然清新的气象。色彩从大自然中汲取灵感，以展现大自然永恒的魅力。大面积的色彩或以浅色为主，如米色、浅灰绿色、浅黄色，点缀黄、绿、粉、蓝等；或以原木色的棕色、茶色等为主，配色时，可在明度上作对比，区分层次。

色彩搭配速查表

绿色系

◎ 最能表达风格特征，可充分体现田园风格的自然气息

√ 善用深浅不同的绿色作空间配色，可丰富空间层次

√ 淡色调绿色适合用在墙面，搭配具有柔和感的绿色

√ 深色调绿色适合用来丰富层次感，做点缀

√ 若大面积使用绿色，地面最好为复古感觉的色彩

绿色 + 红色系 / 粉色系

◎ 配色来源于自然界花朵的颜色，可营造出鲜艳感的家居

◎ 绿色 + 红色，较热烈；绿色 + 粉色，刺激感小，家居环境较柔和

× 绿色 + 红色，两者色彩纯度不能过于类似，且不要为纯色

√ 红色最好以花卉或带有花朵图案的壁纸出现，避免配色过于刺激

√ 绿色 + 粉色，绿色宜使用淡雅色调，如明浊色调或浊色调

绿色 + 白色

◎ 绿色做背景色、重点色，白色做配角色、点缀色，清新感强

◎ 白色做主色，绿色做辅色，适用于小户型

√ 搭配做旧木质家具，能为空间增添淳朴感

√ 使用两种色彩结合的材料更自然，例如条纹或小花壁纸等

绿色 + 大地色

◎ 配色来源于土地与绿树、绿草等，大自然韵味浓郁

√ 可利用木材搭配花鸟图案，令田园氛围更浓郁

√ 两个色相组合时，需从色调上拉开一些距离

√ 可加入绿色或大地色的近似色做点缀色使用

黄色系

◎ 阳光般的色彩印象，符合田园风格的明媚感觉

◎ 适合营造具有南法田园风情的家居环境

√ 黄色多为介于明黄色和橙色之间的色相，较柔和

√ 可利用色彩的明暗度丰富空间层次

√ 可以加入红色、橙色作为空间跳色

白色 + 粉色

◎ 白色系常用作背景色和主角色，为居室奠定纯洁基调

◎ 粉色系常用作配角色和点缀色，淡雅、浪漫

◎ 适合韩式田园风格的居室

√ 墙面壁纸中的碎花图案，可选择粉色系

白色 + 紫色

◎ 紫色做背景色、主角色均可

◎ 适合法式田园风格的居室

√ 可增加紫色的纯度对比

√ 可利用仿古砖、绿植来加强风格特征

田园风格配色技巧

配色结合材质，充分体现家居空间的自然氛围

　　色彩与材质的协调组合才能更好地塑造出具有田园特点的居室。田园风格的材料选择崇尚自然，比如陶、木、石、藤、竹等。在织物质地的选择上多采用棉、麻等天然制品。家具多为实木加布艺，色彩为褐色系原木或用白橡木为骨架外刷白漆，配以花草图案的软垫，舒适而不失美观。

特别提示　◆ 纯布艺家具的图案多以花草为主，颜色均或清雅或质朴。

∧ 空间中的家具材质为木质和布艺，体现出田园风格的自然感，结合绿色系和大地色的配色，自然气息更加浓郁。

绿色植物是不可缺少的点缀色

田园风格的居室往往会通过绿化把居住空间变为"绿色空间",如结合家具陈设等布置绿化,或者做重点装饰与边角装饰,还可沿窗布置,使植物融于居室,作为点缀色与其他部分的色彩结合,强化自然风格的特征,创造出自然、简朴的氛围。

∧ 客厅中摆放了多种形态的绿植、花艺,来源于自然的配色,令空间充满了生机。

田园风格要避免灰黑色调和冷色的大量使用

田园风格力求表现出一种自然的、充满生机的舒适氛围。因此,不宜使用大面积的冷色,特别是暗冷色,这样的色彩过于冷峻,缺少舒适感。另外,还要尽量避免黑色和灰色的大量出现,这类无彩色具有明显的都市感,在弱色调的组合中,很容易抢占注意力,使配色失去田园气质。

∧ 家居配色以米黄和大地色为主色,红色为辅色,塑造出带有质朴感的田园氛围;黑色的铁艺吊灯在造型上为空间增加了新意,少量的黑色点缀不会破坏空间的田园气息。

田园风格配色案例解析

绿色系

背景色 ◐

主角色 ○

配角色 ●

点缀色 ●

设计说明 以绿色为主色，塑造具有悠闲感、轻松感的田园氛围餐厅，搭配白色增添明快感，加入粉色增添一点浪漫，同时让绿色的色彩印象更突出。

绿色 + 大地色

背景色 ○ ●

主角色 ●

配角色 ◐ ●

点缀色 ● ◐ ●

设计说明 涂刷成绿色的墙面与白色木质背景墙搭配，营造出轻松、惬意的田园氛围。大地色系与绿色系为主的色彩组合，加入深蓝的窗帘和浅蓝色的坐凳，令空间如同有了水的灵气。

黄色系

背景色 ⚪ 🔘 ⚫　　配角色 🔘

主角色 🔘　　点缀色 🔘

设计说明　黄色系的家具和墙面带有阳光的炙热，搭配白色淳朴造型的家具和吊顶，好像在诉说着无限的田园情怀。橙红色的砖墙和台灯则令空间更具暖意，仿佛把人带入温暖的港湾之中。

白色 + 紫色

背景色 ⚪ 🔘

主角色 🔘

配角色 🔘

点缀色 🔘 🔘

设计说明　将紫色运用在墙面及布艺沙发和抱枕上，营造出具有法式浪漫情怀的田园家居。同时，利用大地色作为地面配色，令配色更加稳定；而白色系的运用则起到调剂作用，使空间配色不会显得过于厚重。

北欧风格
配色简洁，体现空间纯净感

扫码看更多

　　"北欧风格"是指欧洲北部国家挪威、丹麦、瑞典、芬兰及冰岛等国的室内设计风格。纯正的北欧风格是完全不用纹样和图案装饰的，只用线条、色块来区分界面。改良版的北欧风格加入了图案、纹样的使用，但色彩上依然比较朴素，一切色彩组合均以纯净感的营造为主。

色彩搭配速查表

白色 + 原木色

◎ 白色作为背景色，原木色作为主角色和配角色

◎ 原木色常以木质家具或家具边框的形式呈现，温润、雅致

◎ 通常会加入灰色作为两种色彩之间的调剂

白色 + 黑色

◎ 大面积运用白色，黑色作为点缀

◎ 和前卫风格的配色区别，主要体现在家具以及墙面造型上

√ 若觉得配色单调或对比过强，可加入木质家具调节

白色 + 灰色

◎ 任意一种色彩均可作背景色、主角色，另一种作配角色、点缀色

◎ 灰色可具有不同明度的变化

◎ 灰色的明度越高，效果越柔和；明度越低，效果越明快

白色 + 蓝色

◎ 蓝色常做软装主色或点缀色，塑造清新感和柔和感

◎ 既不影响空间风格的稳定性，又避免了配色过于单调

√ 很少选择锐利感的色调，多为淡色、浅色、淡浊色或明浊色

白色 + 蓝色 + 黄色

◎ 白色常为背景色，蓝色和黄色可为主角色、配角色

√ 蓝色和黄色多用在家具、抱枕、地毯中

√ 蓝色最好为浊色调，黄色则可以是纯色调，也可以是浊色调

黄色点缀

◎ 常与白色或灰色搭配，为空间增添明媚感

√ 黄色纯度较高，多通过木质材料或布艺表现

√ 基本不会用作背景色

金色点缀

◎ 白色 + 浊色调的绿色 + 金色，塑造出带有复古感的北欧风情

◎ 白色 + 明色调的蓝色 + 金色，塑造出清爽、时尚的北欧风情

√ 常通过金属材质来表现配色

√ 常用在灯具、装饰画框、花盆中

绿色点缀

◎ 绿色作为北欧风格的点缀色，常出现在绿植上

◎ 可依托木材料涂装绿漆的形式表现出来

√ 作为软装色彩，最常用浊色调或微浊色调

√ 绿色家具的选材多为具有亚光质感的材料

北欧风格配色技巧

少量纯美色彩用在软装上，令风格更显纯净

　　北欧风格因其地域的特点，给人最深刻的印象就是纯净。在大量白色与少量灰色组合的空间中，如果可以少量使用一点纯美色调来进行装饰，能够令纯净的感觉更加突出。

特别提示　◆ 这种纯美色调可以运用在吊灯、地毯、抱枕、花瓶等软装上。

< 无色系为主色的空间中，加入黄色的抱枕和蓝色的地毯做色彩上的调剂，丰富了配色层次。

在墙面做适当变化设计，可令北欧居室具有时代感

北欧风格的墙面一般少有造型，所用的色彩也大多较为柔和、朴素，可以在不改变整体设计理念的情况下，对墙面做一点改变，如适当地加入一些带有素雅纹理或低纯度彩色的壁纸或装饰画，更能塑造出具有时代感的居室环境。

 特别提示 这种纯美色调可以运用在吊灯、地毯、抱枕、花瓶等软装上。

> 波纹图案的无框装饰画，令原本单调的白色墙面有了视觉上的变化。

> 波纹图案的抱枕在线条简洁的空间中，起到很好的装饰作用，令空间配色显得更加灵活、生动。

北欧风格配色案例解析

◆

白色 + 灰色

背景色 ● ○　　配角色 ●

主角色 ●　　　点缀色 ●

设计说明　灰色的布艺沙发与白色木质茶几、棉布靠垫以及棕色的角几和边柜组合，朴素而具有柔和感。色彩数量虽少，但协调的组合方式，并不会让人感觉单调。

白色 + 原木色

背景色 ○ ●

主角色 ●

配角色 ● ● ○

点缀色 ● ● ●

设计说明　白色打底，用在顶面和墙面上。地面采用原木色地板，拉开了空间的高度，同时显得很稳定。选择一组灰色为主、柔和的蓝色为辅的沙发，搭配白色和原木色，塑造出了清新、唯美又不乏柔和感的北欧氛围。

黄色点缀

背景色

主角色

配角色

点缀色

设计说明 白色砖墙是北欧风经常用到的元素，可以令空间显得时尚而文雅。棕色的胡桃木地板犹如广阔的大地，把北欧风的厚重气息呈现出来。黄色的餐椅与黑色的餐桌传递出强烈的色系层次，加上灰色不锈钢的融入，纯净而具典雅感。

绿色点缀

背景色

主角色

配角色

点缀色

设计说明 将白色用在墙面和沙发上，使空间简洁、宽敞而明亮，符合北欧风格。浊色调的灰色与白色穿插，出现在墙面、沙发及地面上，再加入少量的原木色，使北欧特征更加强烈。另外，高低错落的绿色植物展现出一种朴素、清新的原始之美。

地中海风格
纯美、奔放的色彩组合效果

扫码看更多

　　地中海风格的家居给人的感觉犹如浪漫的地中海域一样，充满着自由、浪漫、纯美的气息。色彩设计从地中海流域的特点中取色，配色往往不需要太大的技巧，只要保持简单的意念，捕捉光线，取材大自然，大胆而自由地运用色彩、样式即可。

色彩搭配速查表

白色 + 蓝色

◎ 最经典的地中海风格配色，效果清新、舒爽
◎ 配色灵感源自于希腊的白色房屋和蓝色大海的组合
√ 常用于蓝色门窗搭配白色墙面，或蓝白相间的家具

黄色 + 蓝色

◎ 高纯度黄色与蓝色或蓝紫色系搭配，具有活泼感和阳光感
◎ 配色灵感源于意大利的向日葵，具有天然的、自由的美感
√ 属于对比色，可偶尔加入中性的绿色进行调和

白色 + 青绿色

◎ 青绿色与白色搭配，清爽中不失活泼
√ 青绿色系一般用在主题墙面，为家居增加视觉焦点

白色 + 蓝色 + 绿色

◎ 白色为背景色，蓝色与绿色为点缀，此色彩搭配自然、惬意
√ 蓝色一般用于家居一侧墙面
√ 绿色常用到擦漆做旧的家具上

白色 + 原木色

◎ 此种配色较适用于追求低调感地中海风格的业主
√ 原木色多用在地面、拱形门造型的边框以及墙面、顶面的局部装饰

大地色

◎ 土黄色系或棕红色系属于大地色，还可扩展到旧白色、蜂蜜色
◎ 典型的北非地域配色，呈现热烈视觉，犹如阳光照射的沙漠
√ 红棕色可运用在顶面、家具及部分墙面，体现出厚重
√ 为避免过于厚重，可结合浅米色来搭配

大地色 + 蓝色

◎ 将两种典型的地中海代表色相融合，兼具亲切感和清新感
√ 若想增加空间层次，可运用不同明度的蓝色来进行调剂
√ 若追求清新中带有稳重感，可将蓝色作为主色
√ 若追求亲切中带有清新感，可将大地色作为主色

大地色 + 绿色

◎ 源自于土地与自然植物的配色方式
◎ 可令家居环境在质朴之中，不乏清新感，较稳定
√ 大地色最好使用红棕色
√ 绿色多作为点缀、辅助或窗帘出现，基本不做重点色

大地色 + 多彩色

◎ 彩色常为蓝色、红色、绿色、黄色等，以配角或点缀色出现
√ 彩色的明度和纯度最好低于纯色，会更容易获得协调的效果

109

地中海风格配色技巧

低彩色调的布艺 + 小型绿植最适合地中海风格

　　低彩度的色调，以及棉织材质是地中海风格布艺的显著特点，在窗帘、桌巾、沙发套、灯罩等的选择上，均十分适用。另外，绿植点缀常以爬藤类植物居多，小巧的绿色盆栽也很常见，而大型盆栽则很少使用。

<沙发色彩为低彩度的蓝色，搭配墙面的亮黄色，形成经典的地中海配色效果；茶几上的小型绿叶盆栽，为客厅注入了生机。

>素雅的白色和米色布艺沙发同样适用于地中海风格的居室，干净的色调为空间带来整洁的容颜；小型绿色盆栽和船舵装饰品令空间地中海的风情更加浓郁。

带有海洋风装饰元素的材料色彩宜清新

在进行地中海风格的装饰时，除了配色要具有地中海特点外，还可以搭配一些海洋元素的壁纸或布艺，例如帆船、船锚等，来增强风格的特点，使主题更突出。

特别提示

带图案的材质颜色宜清新一些。

∧ 带有帆船图案的壁纸，增加了空间的风格特征，也令空间配色显得具有层次。

地中海风格配色案例解析

大地色 + 蓝色

背景色 ⬤ ◯
主角色 ⬤ ⬤
配角色 ⬤ ⬤
点缀色 ⬤

设计说明 白色和米黄色作为空间中的背景色，形成素雅的地中海风格；蓝色沙发和擦漆做旧的家具，以及少量黑色家具的搭配使用，使空间配色更加稳定；而大地色系的仿古砖和茶几台面，则为空间配色增加了暖度。

黄色 + 蓝色

背景色 ⬤
主角色 ⬤
配角色 ◯
点缀色 ⬤ ⬤

设计说明 空间中大面积纯度较高的黄色和蓝色形成互补型配色，为了避免配色过于激烈，运用了高纯度的白色进行调剂。另外，少量的灰色、酒红色，以及绿色作为点缀色，形成丰富的配色层次，也令空间呈现出四角型的配色特征。

白色 + 蓝色

背景色 ●● 　　配角色 ○

主角色 ●　　　点缀色 ●●

设计说明 无彩色系的白色和灰色作为空间中的背景色，形成宽敞感的家居氛围；再用暗浊色的蓝色（沙发）作为主角色，与背景色中的白色一起形成了经典的地中海风格的配色。而纯度相对较高的蓝、红、绿三色作为空间中的点缀色，清爽中不失活力。

大地色 + 绿色

背景色 ●●

主角色 ●●

配角色 ●

点缀色 ●

设计说明 白色的吊顶、墙面与仿古地砖形成低重心配色，干净、宽敞中不失稳定感。明浊色系的绿色用在家具中，为空间注入带有自然感的地中海风情；大地色系在门框和吊顶的点缀使用，与地面色彩形成了良好的呼应关系。

东南亚风格

来源雨林的配色，夸张而艳丽

扫码看更多

　　东南亚地处热带，气候闷热潮湿，在家居配色上常用夸张艳丽的色彩冲破视觉的沉闷，源自于大自然的红、蓝、紫、橙等神秘、跳跃的色彩较为常见。色彩艳丽的布艺装饰是自然材料家具的最佳搭档，标志性的炫色系列多为深色系，在光线下会变色，沉稳中透着点贵气。

色彩搭配速查表

原木色系

◎ 作为空间背景色和主角色，体现出拙朴、自然的姿态

◎ 既可大面积运用在顶面、墙面和地面中，也可作为家具配色

◎ 用浅色木家具搭配深色木硬装，或反之，皆可表达风格特征

◎ 搭配白色或高明度浅色，如米色、米黄等，效果明快、舒缓

◎ 搭配低明度彩色，如暗蓝绿、暗红等，具有沉稳感

✕ 棕色＋咖啡色/褐色，有层次，但不适合小空间或采光不佳的空间

√ 用在墙面多以自然材料展现，如木质、椰壳板等，可搭配部分白色减轻沉闷感

无彩色系

◎ 白色、灰色常做主要色彩，搭配大地色系或少量彩色

◎ 可营造具有素雅感风格配色，也可传达出禅意

◎ 金色可做点缀，通常作为家具或画框描边的主要色彩

◎ 黑色多以木质材料呈现，搭配白色，再以大地色做色调过渡

大地色 + 米色

◎ 具有泥土般亲切感的配色方式

√ 若空间面积不大，适合将米色用在墙面或主要家具上；棕色用在辅助家具或地面上

大地色 + 紫色

◎ 体现家居风格的神秘与高贵，强化东南亚风格的异域风情

✕ 用得过多会显得俗气，在使用时要注意度的把握

√ 适合局部点缀在纱缦、手工刺绣的抱枕或桌旗之中

大地色 + 对比色

◎ 红色、绿色的软装组合，可彰显出浓郁的热带雨林风情

√ 基本上不会使用纯色调的对比，多为浓色调的对比

√ 主要通过各种布料或花艺来展现

大地色 + 多彩色

◎ 具有魅惑感和异域感的配色方式

◎ 大地色、无彩色作为主要配色

◎ 紫色、黄色、橙色、绿色、蓝色中的至少三种色彩作为点缀色

✕ 多彩色不要大面积作为背景色出现

√ 绚丽的点缀色可以用在软装和工艺品上

√ 多彩色在色调上可以拉开差距

东南亚风格配色技巧

可选择自然类别的图案强化风格特征

　　壁纸、布艺属于东南亚风格中最常见的装饰材料，当空间中采用的配色较朴素时，可以选取相应的图案来增加层次感并强化风格，例如热带雨林特有的椰子树、树叶、花草等，或者带有典型东南亚特点的造型图案均可。

<具有代表性的配色方式搭配墙面上的东南亚特点花纹，虽然整体感觉很简约，却具有显著的风格特征。

>大地色为底色，带有热带雨林特色的纹样壁纸，既丰富了空间配色，又加深了空间的风格特征。

善用米色弱化空间中的对比感

　　根据居住者年龄的不同，有的人喜欢明快的配色，有的人喜欢柔和的配色，如果是后者，表现东南亚风格的方式时，可以将白色墙面与其他色彩的组合，做一点小的更改，如用米色墙面来替代白色墙面，与其他色彩特别是暗色搭配，就会显得柔和很多。

∧ 米黄色的石材背景墙，柔化了白色沙发的明度对比，使空间配色显得更加温馨。

117

东南亚风格配色案例解析

大地色 + 紫色

背景色 ⚪🔘　　配角色 ⚫🔘

主角色 ⚫　　　点缀色 🔘🔘

设计说明　具有暖意色彩的大地色作为空间中墙面和地面的配色，其同类型的配色，形成稳定感极强的配色设计。黑色的家具令空间中的配色显得沉稳。紫色具有神秘感，结合薄纱、丝绸、布艺等材料，配以对比色及同类色的布艺，塑造出低调奢华感的东南亚居室。

原木色系

背景色 ⚪🔘

主角色 ⚫🔘

配角色 ⚫

点缀色 🔘🔘

设计说明　大量的棕色系木材，无论是色泽，还是材质，均与东南亚风格的特质相符；米黄色带有花纹图案的窗帘，丰富了空间的配色层次。紫色和绿色的点缀运用，更加凸显出神秘的异域风情。

大地色 + 对比色

背景色 ●

主角色 ● ○

配角色 ●

点缀色 ● ●

设计说明 不同明度的棕色系作为吊顶、墙面、地面，以及部分家具的配色，其同相型的配色形成稳重的配色印象。为了避免空间配色过于压抑，运用了白色来进行调剂；而绿植和红色台灯的对比色点缀使用，为整体沉稳的配色增添了活力。

大地色 + 多彩色

背景色 ○ ● ●

主角色 ● ●

配角色 ●

点缀色 ● ● ●

设计说明 空间通过金黄、暖棕、白色渐变式的色彩搭配及各种材质的融合，并点缀以佛头、不同色系的泰丝抱枕等装饰，让空间充满了神秘、魅惑的东南亚风情。

04

第四章

居住者与
配色设计

　　在进行家居配色设计时，以居住者的性别、年龄为出发点，其将更具个性、更贴近居住者的需求。家庭中的成员一般包括男性、女性、儿童和老人，居住者的不同，决定了配色也有所区别。例如，单身男性的家居适合冷峻而厚重的配色，而单身女性则较适合浪漫、温馨的配色；儿童房的配色以活泼、纯真为主；老人房则追求沉稳、质朴的配色。

单身男性

体现冷峻感及力量感的
配色效果

扫码看更多

　　男性给人的印象是阳刚的、有力量的，为单身男性的居住空间进行配色设计，应表现出这种特点。冷峻的蓝色或具有厚重感的低明度色彩具有此种特征。除此之外，具有强对比的色彩组合也能表现出男性特点。

色彩搭配速查表

蓝色 + 白色

◎ 以蓝色为主，展现理智、冷静、高效的男性气质

◎ 搭配白色能够塑造出明快、清爽的氛围

√ 可加入暗暖色组合，兼具力量感

√ 蓝色适合使用低明度、低纯度的色调，与女性色彩区分

蓝色 + 灰色

◎ 能够展现出雅俊的男性气质

◎ 蓝色为主色或灰色为主色均可

√ 可加入一些大地色在地面或者小型家具上

√ 浊调的湖蓝色等较为厚重的色调，能更好地表现男性居室的沉稳

黑、白、灰

◎ 能够展现出具有时尚感的男性气质

◎ 以白色为主搭配黑色和灰色，强烈明暗对比体现严谨、坚实感

√ 背景色和主角色均为浓色调，需大面积白色来融合

暗色调 / 浊色调的中性色

◎ 如深绿色、灰绿、暗紫色等，具有厚重感

✕ 不适宜作为背景色

√ 可用在配角色及点缀色之中

√ 高纯度绿色可作为点缀色，但需控制与其他色彩的对比度

√ 搭配具有男性特点的蓝色、灰色，能增添生机

暗暖色 / 浊暖色

◎ 适宜色彩为深茶色、棕色，此类色彩同时具有传统感

◎ 深暗的暖色或浊暖色能够展现出厚重、坚实的男性气质

✕ 过于淡雅的暖色具有柔美感，不适合大面积用于背景色

√ 可少量加入明色调的点缀色，中和暗色调的暗沉感

对比色

◎ 暗色调或浊色调的冷色和暖色对比，可营造力量感和厚重感

√ 暗色调或浊色调的冷色适合作背景色或主角色

√ 暗色调或浊色调的暖色适合作配角色和点缀色

√ 还可通过色调对比来表现，例如浅淡一点的蓝色和黑色组合

√ 想要使色调对比具有明快感，可用白色作为主角色

单身男性空间配色技巧

用色相组合与明度对比强化男性气质

　　单一地使用色相组合，如果觉得力度不够，想要加强男性特点时，可以将色相组合与明度对比结合起来，例如蓝色组合棕色，蓝色选择与棕色明度相差多一些的色调，能够体现出既具理性又具有坚实感的空间配色。

∧ 纯度较高的蓝色搭配棕色，体现出沉静的空间氛围；地图装饰画的加入，更加凸显出男性空间的气质。

冷暖色结合进行配色，宜分清主次

以冷色为主色彰显男性气质时，若同时组合暖色，需注意控制两者的比例。在角色的地位上，宜保证冷色的重点色地位，避免暖色超越，容易造成配色层次的混乱。

特别提示 选择暗色调的冷色表现男性特点，且想要用在墙面上时，需要注意居室的面积及采光。如果面积很小或采光不佳，不建议大面积地使用，否则很容易给人一种压抑、阴郁的感觉。

> 冷色的蓝色集中体现在背景墙和沙发上，暖色占据地面和点缀色的部分，主次分明。

> 在卧室中运用蓝色，可以把蓝色用在床头背景墙和软装上。

单身男性空间配色案例解析

蓝色 + 灰色

背景色 ⚪ ⚫ ⚫

主角色

配角色 ⚫ ⚫

点缀色 ⚫ ⚫

设计说明 深蓝色、土黄色搭配浅灰色，结合了所有具有男性特点的色彩在一个空间中，塑造出具有品质感和高级感的男性气质。同时，选用纯度较高的黄色作为空间中的点缀色，使整体配色更加多样化。

蓝色 + 白色

背景色 ⚪ ⚫   配角色 ⚫ ⚫

主角色 ⚫   点缀色 ⚫ ⚫

设计说明 背景色为白色，再将暗蓝色与其搭配，通过色相及色调对比加强了明快感。米色的沙发为主角色，与白色搭配，尽显素雅情调。暗蓝色做配角色，提高了整体空间的沉稳、冷静基调。而黑色与土黄色在空间中点缀使用，其浊色的特质与配角色搭配协调。

对比色

背景色 　　配角色

主角色 ●●　　点缀色 ●○●●

设计说明　浊色调的豆沙色沙发组中加入一张深红色的椅子，考究而具有力度感，与浅卡其色的墙面组合，塑造出具有绅士感的男性气质。果绿色的窗帘和深红色的单人沙发相上的对比，形成夺人眼目的配色。另外，装饰画中的蓝色具有提亮空间的作用。

暗暖色 / 浊暖色

背景色 ○●

主角色 ●

配角色 ●●

点缀色 ●

设计说明　空间中的顶面、部分墙面以及床品运用白色，利用无彩色表达男性空间的理性；同时采用大量带有暖度的棕木色进行配色设计，使理性的男性空间带有一丝温馨感。最后，用少量纯度较高的蓝色作点缀，令空间配色不显生硬。

单身女性

可根据性格特征进行变化的配色

扫码看更多

　　当人们看到红色、粉色、紫色这类色彩时，很容易就会联想到女性，可以看出，具有女性特点的配色通常是柔和、甜美的。除此之外，蓝色、灰色等具有男性特点的色彩，只要运用得当，同样也可用在女性空间中。

色彩搭配速查表

女性色 + 无彩色系

◎ 以粉色、红色、紫色等女性代表色为主色

◎ 加入灰色、黑色等无彩色系色彩做搭配

× 当灰色占据主体地位时，不建议采用深色或暗色

√ 蓝灰色作主角色，空间配色具有格调，适合理智、知性的女性

糖果色

◎ 包括粉蓝色、粉绿色、柠檬黄、宝石蓝、芥末绿等

◎ 香甜的基调带给人清新的感受

√ 可大胆使用明亮而激情的撞色

√ 运用白色调和，可令空间氛围既热情又不过于刺激

蓝绿色

◎ 蓝色和绿色的混合色，具有清雅、恬静的印象

◎ 成熟、事业型的女性家居可选择较深的蓝绿色

◎ 选择弱对比色彩进行组合，并加入白色，适合干练的女性

粉蓝色

◎ 适合性格温雅的女性

× 不适宜用暗色调和浊色调进行搭配，会破坏清雅的氛围

√ 白色是最和谐的搭配

紫色

◎ 淡色调、明色调、明浊色调的紫色适合高雅、优美的女性

◎ 与粉色或红色搭配，可表现甜美、浪漫的感觉

× 暗色调的紫色则宜小面积使用

近似色

◎ 选择一种女性代表色为背景色或主角色

◎ 搭配与其成类似型的另一种色彩作为配角色或点缀色

× 色调对比不宜差距过大

× 避免使用过于深暗的颜色

√ 点缀色可以选择白色、灰色或与主角色不同的色调

对比色

◎ 明度较高或淡雅的暖色、紫色，搭配恰当比例的蓝色、绿色

◎ 塑造出具有梦幻、浪漫感的女性特点氛围

× 不要采用黑白这种无彩色系的对比，或暗浊色调的对比

√ 宜采用弱对比

单身女性空间配色技巧

冷色在女性空间的配色中，需少量运用

　　用蓝色等冷色表现女性气质时，所使用的色彩宜爽朗、清透，表现出该色柔和的一面。而深色调的冷色可用在地毯或花瓶等装饰上，不要占据视线的中心点。同时，可以采用淡冷色、米色、白色来作为色彩调剂，使配色温馨中糅合清新感，非常适合小户型。

< 粉蓝色的窗帘和床品既营造出女性特质的空间，又带有清新感。玻璃花瓶的色彩为冷调的蓝色，但因为小面积使用，不会令空间显得过于清冷。

避免大面积使用暗沉的冷色，防止使配色效果过于冷峻而失去女性印象。

特别提示

> 以淡灰粉色与白色搭配做背景色，搭配柔和的蓝色沙发，清新而又具有女性特点。

在使用暗暖色时，要避免强对比

　　暗色系的暖色具有复古感和厚重感，喜欢此种感觉的女性想要将其用在家中时，需要注意避免与纯色调或暗色调的冷色同时大面积使用，否则很容易产生强对比感，而将其放在地面上或者用小件的家具呈现比较安全。

> **特别提示**　尤其是小面积空间，墙面更是不建议采用太深暗的颜色，很容易使人感觉压抑。

> 将暗暖色用在地面上并搭配一块与墙面配色类似的地毯，增加稳定感，又不会干扰整体的配色印象。

> 将暗色系的红色作为挂毯和沙发巾的配色，增加了空间配色的稳定感，但由于加入了花型的设计，使空间配色不会显得过于厚重。

单身女性空间配色案例解析

女性色 + 无彩色系

背景色 ⚪ ⚫

主角色 ⚫

配角色 ⚪

点缀色 ⚫ ⚫

设计说明 背景色为大面积的白色，搭配上纯正的红色，明快而又具有女性特质。纯麻地毯的色调带有暖意，为女性空间注入温馨感。在以红白色为主的空间中加入绿色点缀，色相的对比非常抢眼。

粉蓝色

背景色 ⚪ ⚫ ⚫

主角色 ⚪

配角色 ⚫

点缀色 ⚫

设计说明 白色作为背景色，搭配粉蓝、不同色调的红色系，呈现出干练、清爽的女性特点。另外，这种用明色调的红色与蓝色形成弱对比的色彩组合，使配色鲜明而具有活跃感，适合喜欢清新感居室氛围的女性。

紫色

背景色

主角色

配角色

点缀色

设计说明 白色作为顶面的色彩，其高明度的特质，不会给空间带来压抑。运用紫色作为空间中的主色，形成浪漫、唯美的女性空间。茶几、地面为不同明度的褐色系，形成低重心配色，整体空间配色显得稳定。

纯色调/明色调暖色

背景色

主角色

配角色

点缀色

设计说明 将白色运用在顶面、部分墙面以及床品上，令原本明亮的空间显得更加宽敞。同时采用大量高纯度的玫红色和亮黄色，使空间配色活力十足，非常适合追求时尚感的女性居住。

婚房

以渲染喜庆氛围为主的配色表达

　　传统的婚房大多使用红色，以渲染喜庆的气氛。追求个性的年轻人也可以用黄、绿或蓝、白等具有清新感的配色来装饰婚房。但如果不喜欢红色又不得不用，可以多在软装上使用红色，避免大面积地用在背景上，后期可以随时更换为喜欢的色彩。

色彩搭配速查表

红色系

◎ 作为背景色，可以充分体现出喜庆氛围

◎ 红色系与无彩色系搭配显得明亮

◎ 红色系与近似色搭配显得温馨

√ 不想过于鲜艳，可选择低明度或低纯度的红色，如深红色

√ 不想配色过于喧闹，可将红色作点缀色或辅助色，主色为无色系

粉色系

◎ 比起传统的红色，粉色更温和，比较容易被接受

× 不宜大面积使用，容易使空间显得过于甜美

√ 可作点缀色使用，并适合明度和纯度低的色调

黄、橙色系

◎ 可营造温馨、和谐的婚房氛围

◎ 能极大限度地活跃氛围，却并不十分刺激

◎ 背景色、主角色、配角色、点缀色均可使用

蓝色 + 白色

◎ 适合追求清新感的婚房配色

√ 增添一些活泼的点缀色，能令空间更显活力

√ 可增加绿色的使用，既丰富色彩，又令空间具有生机

√ 觉得冷清可以将米黄色加入，增添温馨感

同类型配色

◎ 黄色 + 绿色，使空间既有色彩的跳跃感，又不失稳重

√ 绿色可中和黄色的轻快感，让空间稳重下来

◎ 红色 + 黄色，令空间喜庆中，不失温馨感

√ 黄色的运用面积要比红色的运用面积大

◎ 粉色 + 粉蓝色，适合较为青春、活泼的新婚夫妻

√ 粉色 + 粉蓝色缓解了过量粉色造成的过腻感觉，使婚房更清新

对比色

◎ 蓝色 + 红色、红色 + 绿色、蓝色 + 黄色 / 橙色

◎ 可同时兼顾男主人与女主人的配色需求

√ 选择一组女性代表色和一组男性代表色搭配使用

√ 背景色应具有强大的容纳力，如白色

多彩色组合

◎ 可选择红色、黄色、绿色、蓝色、紫色中的两到三种

√ 宜选择明度较高、纯度较低的色彩作为大面积用色

√ 白色是很好的背景色

婚房配色技巧

善用图案的色彩表达喜庆感

若婚房为中小户型，不适合采用太鲜艳的颜色用在墙面或作为重点色。如果需要红色等喜庆的色彩来装点空间，为避免单调，可利用材料的图案丰富层次感，如选择一些图案简单、色彩鲜艳的壁纸、窗帘、靠枕等。

∧ 在墙面和床品上运用小尺寸的花纹进行装点，既丰富了配色，又不会过于抢眼。

暗色调不宜在婚房中作为背景色使用

婚房的整体气氛应该是积极、喜庆，带有活泼感或浪漫感的。如果迫不得已使用暗色调，应避免将其用于墙面或者使用的面积过大，否则容易使人感觉过于压抑，但其可以用在装饰品等软装配色上。

 特别提示 如果婚房空间较小，同样不适合将太鲜艳的颜色用在墙面上或者作为主角色。

> 将最重的黑色作为沙发边几的配色，起到稳定空间配色的作用。小面积的使用不会破坏空间的喜庆感。

> 睡床为深色调的四柱床，却因为空间大量使用了红色、黄色等喜庆色彩，中和了暗色调的沉闷。

婚房配色案例解析

◆

红色系

背景色 ○ ●   配角色 ○ ●

主角色 ▦   点缀色 ● ●

设计说明 白色与落地窗一起为空间带来宽敞感，而背景色中的红色则体现出婚房的喜庆。沙发和藤制座椅的色彩形成空间的主角色和配角色，其柔和的色相使婚房空间显得具有暖度。运用绿色植物丰富空间的配色十分讨巧，既丰富配色，又为空间注入生机。

黄、橙色系

背景色 ○ ●   配角色 ○ ● ●

主角色 ○ ●   点缀色 ● ● ●

设计说明 塑造温馨型的婚房，黄色系是必不可少的。可以利用不同明度的色彩来丰富空间的配色层次，如地面用浊色调的仿古地砖，而墙面则运用明度稍高的黄色乳胶漆涂刷。白色作为吊顶和茶几的配色，与整体空间中的黄色搭配得十分协调。

同相型／类似型配色

背景色

主角色

配角色

点缀色

设计说明 黄色和绿色为类似型配色，形成稳定的配色印象。白色和黄色、绿色的融合度很高，能够共同形成稳定型的配色。浴帘中的蓝色、橙色作为点缀色丰富了整体空间的配色层次。

多彩色组合

背景色

主角色

配角色

点缀色

设计说明 白色和绿色作为空间中的主色，形成自然、清新感的婚房特质。地毯图案为深棕色，源于大地的色彩，令空间的自然感更强。蓝色、玫红色、橙色作为点缀配色，纯度较高，使配色呈现出活跃、灵动的印象。

儿童房

扫码看更多

年龄段和性别决定了
配色走向

在进行儿童房配色时，最重要的是要考虑儿童的年龄段。婴儿房适合温柔、淡雅的色调，具有安全感和被呵护的感觉；而少年接近于青年，配色可以成熟一些。另外，男孩房和女孩房在配色上也会有所区别。

色彩搭配速查表

黄色 / 橙色

◎ 既适合女孩房，也适合男孩房

◎ 明黄色可表现出女孩活泼的一面

◎ 浊色调的橙色融合了力量感和活泼感，较适合男孩房

✕ 纯色调不适合大面积使用，会引起视觉疲劳，且影响睡眠

✓ 柔和的色调可大面积使用，纯色调在局部使用

绿色

◎ 既适合女孩房，也适合男孩房

◎ 女孩房中，与粉色、红色、紫色搭配，能塑造出春天的感觉

◎ 男孩房中，搭配白色或棕色，营造出大自然的氛围

◎ 接近纯色调的绿色最具有活泼感，可以搭配白色和少量黄色

蓝色

◎ 既适合女孩房，也适合男孩房

◎ 蓝色本身带有男性气质，男孩房使用在色调上没有限制

◎ 女孩房适合淡色调或纯色调的蓝色，不宜大面积使用暗蓝色

粉色、红色、紫色

◎ 适合女孩房，不太适合男孩房

◎ 可表现出小女孩的甜美、纯真

◎ 女孩房的色彩相对单身女性空间的色彩，宜更纯真、甜美

✓ 可大面积搭配白色

淡色调、明浊色调

◎ 适合婴幼儿的配色，可作为主要色彩

✕ 不宜整个空间都用淡色调，以免产生单调感

✓ 地面色彩可以采用沉稳色，如灰色等

高明度色彩

◎ 适合 3～6 岁学龄前的儿童

◎ 包括苹果绿、海军蓝等

◎ 搭配鹅黄、橙色等，有助于培养儿童活泼开朗、积极向上的性格

较中立的色彩

◎ 白色、浅灰色、咖啡色、卡其色等，属于较中立的色彩

◎ 不希望儿童房五颜六色，可采用此种配色

✓ 床上用品可根据孩子的性别、年龄段，搭配不同色系的装饰

色彩混搭

◎ 适合活泼好动阶段的儿童

✕ 避免色彩的杂乱，保险的做法是增加白色的使用率

✓ 可以用同相色或近似色的组合方法

✓ 如喜欢绿色，可用浅绿、深绿，或偏绿的蓝色来搭配

✓ 若觉得单调，可扩展加入黄色

儿童房配色技巧

善用活泼的配色来表现儿童的天真

对于不同年龄段的女孩来说，女孩房的配色一般均能体现出活泼、天真的氛围。而处于青春期的男孩，则会较排斥过于活泼的色彩，而选择趋近于男性的冷色。但年龄在青少年以下的男孩，还非常活泼、好动，如果在配色时需要使用暗沉的冷色，则最好用在床品上，且选择带有对比色的颜色的图案，来增加一些活泼感，这样更适合表现其性格特点。

扫码看更多

< 同样都用了蓝色调，但男孩儿房配色显然比女孩儿房色调低。同时，女孩儿房中加入了带有女性色彩的玫红色，加深了女孩儿房的配色特征。

根据儿童的性格选择适宜的配色设计

　　颜色对于儿童的心理成长起着巨大的作用。不同性格的孩子对颜色有不同的需要。对于性格软弱、内向的孩子，宜选用对比强烈的配色，以刺激神经的发育；而对性格急躁的孩子来说，应挑选淡雅的配色，有助于塑造健康的心理。

特别提示　绿色对儿童视力发育有益；蓝色、紫色可培养孩子安静的性格；粉色、淡黄色有助于女孩温柔、乖巧性格的养成。

∧ 不同色彩对于儿童的性格培养，有着不同作用；但儿童房总体配色都应体现出活力感。

儿童房配色案例解析

黄色／橙色

背景色 〇 ●

主角色 ◐

配角色 ●

点缀色 ● ● ● ◐

设计说明 温暖的黄色运用在儿童房配色中，形成了具有暖意的空间环境；白色与黄色搭配，则使空间配色显得较为柔和。此种配色，男孩房、女孩房都适用。

较中立的色彩

背景色 〇 ●　　配角色 ◐

主角色 ●　　　点缀色 ● ◐

设计说明 白色和暖黄色形成空间中的主色，塑造出温馨感十足的婴儿房。暖褐色作为家具的主色，与暖黄色的墙面色相接近，形成统一协调的空间配色。

144

蓝色/绿色

背景色 ⚫ ⚪

主角色 ⚪

配角色 ⚫

点缀色 ⚫

设计说明 白色和蓝色在空间中的大面积运用，令空间呈现出干净、清爽的感觉。草绿色系的融入，既富有生机，又可以刺激婴儿的大脑发育。另外，家具上的动物图案生动而有趣，方便家长教授婴幼儿识别，具有启发婴儿思维的作用。

粉色

背景色 ⚪ ⚫

主角色 ⚪

配角色 ⚪

点缀色 ⚫ ⚫

设计说明 白色和粉色塑造的女孩儿房，充满了甜美气息。灰褐色的地毯为大量粉色空间增加了稳定感。果绿色的帐幔和抱枕与粉色空间形成互补型配色，开放而自由。

145

老人房

体现亲近、舒适感的配色效果

扫码看更多

老人房整体配色要以舒适为要，注重情感交流和视觉的舒适性。房间配色以温暖、温馨的效果为佳，整体颜色不宜太暗，以求表现出亲近祥和的意境。红、橙等高纯度且易使人兴奋的色彩应避免使用。在柔和的前提下，也可使用一些对比色来增添层次感和活跃度。

色彩搭配速查表

暖色系

◎ 除纯色调和明色调，所有暖色皆可装饰老人房

◎ 浅暖色如米色、米黄色、米白色等，可令老人精神放松

◎ 深暖色如棕色、深咖啡色、深卡其色等，传达亲切、淳朴、沧桑

◎ 淡雅暖色搭配白色或淡浊色，可表现兼具明快和温馨的老人房

√ 暗沉暖色系做背景色或主角色，能够表现沧桑、厚重的氛围

√ 可将高明度暖色用在墙面，低明度暖色用在家具

√ 单一暖色系容易造成配色单调，可通过纯度变化改善配色效果

蓝色点缀

◎ 蓝色虽带有冷峻感，但搭配协调，可作为点缀用在老人房中

✕ 蓝色不宜面积太大，会显得过于宁静，产生孤独寂寞感

✕ 避免纯度过高的蓝色

√ 以浊色、微浊色或暗色调蓝色为主，用在软装上，可带来清凉感

√ 可将暗蓝色与米色结合运用在软装，再加入少量深咖色调节

中性色点缀

◎ 常见中性色为绿色和紫色，但皆应该选择浊色调

◎ 微浊色调的绿色可搭配米色软装，形成柔和、自然的配色效果

◎ 明度略低的黄绿色搭配白色和棕色系，为老人房带来活跃感

✕ 紫色不宜过大面积使用，可作为点缀色

√ 绿色可大面积使用，再用少量纯色调做点缀，具有生机

色相对比

◎ 恰当使用色相对比，能够使老人房的气氛活跃

◎ 色相对比要柔和，避免使用纯色对老年人的视力造成刺激

√ 宜采用低明度色调，也可用高明度搭配低明度

√ 可用色调接近低明度的紫色和黄色搭配

√ 棕色搭配灰绿色也是不错的色相对比

色调对比

✕ 色调不宜太接近，老人视力减弱，会出现分不清物体边界的情况

√ 色调对比可强烈一些，能够避免发生磕碰事件

√ 墙面与家具、家具与布艺的色调可对比明显

√ 可用白色墙面搭配深色家具的方式

老人房配色技巧

老人房的配色要柔和、古朴

　　老人房的色调要柔和，应偏重于古朴。老年人患白内障的较多，白内障患者往往对黄、绿、蓝色系色彩不敏感，容易把青色与黑色、黄色与白色混淆。因此，在进行室内配色组合时，如果家中老人患有此种疾病，应多加注意。

< 空间的配色古朴且富有层次，适合大多数老人。

> 如果想在老人房中运用鲜艳的色彩提亮空间，可用在软装中，不易引起磕碰。

老人房配色不宜过于鲜艳，可用图案丰富配色

　　老人房中的配色，无论使用什么色相，色调都不能太过鲜艳，使用面积不宜过大，否则容易令老人感觉头晕目眩。且老年人的心脏功能有所下降，鲜艳色调很容易令人感觉刺激，不利于身体健康。由于使用的色彩有色调上的限制，平面式的配色可能会使老人房配色显得有些单调，因此，可以在床品类的软饰上做些文章，如选择一些拼色或带图案的床单。

　　图案以典雅花型为主，如墨青色的荷花、中式花纹、格子等。

∧ 果绿色的床品令人眼前一亮，打破了原本配色沉闷的老人房，增加了空间活力；同时采用中式花纹进行中和，避免床品过于抢眼。

老人房配色案例解析

暖色系

背景色 ○ ●

主角色 ●

配角色 ●

点缀色 ● ●

设计说明 白色和暖棕色作为空间中的主色，塑造出沉稳且具有温馨感的空间氛围。明浊色调的蓝色用于床品之中，素雅、干净；其棕色花纹与地板、睡床的色彩相协调。另外，加入少量绿色做点缀，为空间注入了一丝生机。

中性色点缀

背景色 ○

主角色 ○

配角色 ● ●

点缀色 ● ● ●

设计说明 白色顶面、灰色墙面带有素雅感，形成清新型配色印象。暖棕色的地板带来温馨的视觉效果，低重心的配色极具稳定感。深棕色的床头柜与睡床形成稳定的色彩搭配，再使用中性的绿色，平和中带有一点活跃，避免了刺激性色彩，给人感觉非常舒适。

色调对比

背景色 ◯ ⬤   配角色 ◯

主角色 ⬤   点缀色 ⬤ ◯

设计说明 无彩色中的白色是明度最高的色彩，用在吊顶中，可以提升空间的亮度。不同明度的浅灰色运用在墙面和窗帘的配色中，形成统一中带有变化的配色。深灰色花纹的床品使空间配色显得雅致，独具品位。

色相对比

背景色 ◯ ⬤

主角色 ⬤ ◯

配角色 ⬤

点缀色 ⬤ ⬤

设计说明 白色顶面与棕色的地面形成低重心配色，增加空间的稳定感。浅木色运用在睡床和床头柜中，丰富了空间的配色层次。以少量明亮的黄色和蓝色的对比组合加入空间中，增添了一点活跃感，但并不觉得刺激。

05

用色彩改善
缺陷户型

　　家居空间的格局并非都是规则的，往往会存在狭小、狭长户型，或者存在采光不佳等问题。针对这些问题，除了对格局进行改动之外，还可以利用配色来改善空间问题。此种做法，花费少，且简单易行，可以在视觉效果上化解空间的缺陷，使居住空间变得舒适、宜居。

狭长型

配色要具有通透、宽敞感

　　狭长户型存在开间和进深比例严重失调的问题，在进行设计时会比较棘手。由于长边的两面墙距离较近，因此同时会具有采光不佳的缺陷。在进行配色设计时，墙面的色彩应尽量淡雅，可考虑能够彰显宽敞感的后退色，这样的配色可以使空间看起来舒适、明亮。

色彩搭配速查表

低重心配色 （**白墙 + 深色地面**）	◎ 白色墙面可使狭长型空间显得明亮、宽敞 √ 地面为深色，可避免空间头重脚轻 √ 为避免空间单调，可搭配彩色软装，但要避免厚重款式
浅色系	◎ 顶面、墙壁、家具和地面选用同样的浅色实木材料 ◎ 家具和软装配色可变化，但最好采用同类色
白色 + 灰色	◎ 可令空间显得有格调，弱化狭长型家居缺陷 √ 沙发背景墙可使用白色，电视背景墙可使用灰色 √ 在墙面上将灰、白两色搭配运用
彩色墙面（膨胀色）	◎ 为空间塑造出一个视觉焦点，弱化对户型缺陷的关注 ◎ 适合追求个性的居住者 × 膨胀色不宜在整个家居中使用，否则会造成视觉污染 √ 膨胀色运用只针对主题墙

狭长型空间配色技巧

狭长空间的配色应尽量保持空间的统一性

常见的狭长型户型一般分为两种：一种是长宽比例为 2：1 左右，这种户型在配色时，可以在重点墙面做突出设计，如选用膨胀色；另一种户型的长宽比例则相差很多，遇到这样的户型，可在空间墙面采用白色或接近白色的淡色。除了色彩，材质种类也应尽量单一。

特别提示　无论何种类型，都应尽量保持空间的统一性，特别是墙面，选用的材料及色彩建议不超过 3 种。

∧ 狭长空间的长宽比例接近 2:1，墙面采用了带有暖度的棕色系，有效化解了户型缺陷。

> 狭长空间的长宽比例严重失调，在墙面运用了白色系进行配色，同时运用带有光泽度的柜面材料，降低了空间的逼仄感。

狭长型空间配色案例解析

低重心配色

背景色 ○ ●

主角色 ○

配角色 ●

点缀色 ◐

设计说明 白色顶面有效弱化了狭长型空间的缺陷，使采光不佳的过道显得明亮许多，而地面则采用了黑色实木复合地板，这种低重心的配色使空间的稳定感更强。

浅色系

背景色 ○ ◐

主角色 ◐

配角色 ○

点缀色 ● ◐

设计说明 厨房为走廊型，为了避免狭长的空间视感，用浅色系来进行空间配色。浅色系的顶面和墙面构成空间中的背景色，而地面色彩为木色，与白色搭配得非常和谐。另外，黑色作为点缀色，强化了空间的配色层次。

白色 + 灰色

背景色

主角色

配角色

点缀色

设计说明 白色和灰色作为空间中的背景色，干净的色彩有效化解了狭长户型的缺陷。沙发的色彩为主角色，采用比地面略深的灰色，层次感分明。木色作为配角色，在大面积无彩色系中起到提亮空间视觉效果的作用。黑色窗框为点缀色，与墙地面同为无彩色，形成协调的空间配色。

彩色墙面

背景色

主角色

配角色

点缀色

设计说明 狭长型的厨房利用高明度的紫色作为墙面的局部配色，膨胀色的运用在无形中起到扩大空间面积的作用；而黑色与白色的调剂搭配，则令空间色彩不会显得过于刺激。

窄小型
用高彩色、明亮色将空间变大

　　窄小型的空间，最主要配色诉求就是想办法把空间变大。最佳的色彩选择为彩度高、明亮的膨胀色，可以在视觉上起到"放大"空间的作用。其中，白色是最基础的选择。另外，也可以将墙面和吊顶涂刷成浅色调或偏冷色的色调，同样会起到使空间产生层次延伸的作用。

色彩搭配速查表

膨胀色	◎ 膨胀色即明度、纯度高的颜色
	◎ 多为暖色调，如黄色、红色、橙色
	× 不建议作为背景色
	√ 可作为配角色和点缀色使用
	√ 可用作重点墙面的配色或重复的工艺品配色

白色系	◎ 明度最高的色彩，具有高"膨胀"性
	√ 白色为背景色，用浅色系作为主角色或配角色
	√ 可通过软装色彩变化丰富空间层次，原则是不宜超过三种

浅色系	◎ 包括鹅黄、淡粉、浅蓝等
	√ 整体家居色彩要尽量单一
	√ 可用作背景色，再用同类色作为主角色、配角色及点缀色

中性色	◎ 含有大比例黑或白的色彩
	◎ 如沙色、石色、浅黄色、灰色、浅棕色等
	√ 3 / 5 浅色墙面 +2 / 5 中性色墙面，再用一点深色增加配色层次

窄小型空间配色技巧

处理好色彩的节奏是窄小空间的配色关键

　　窄小型空间的配色需要呈现出简洁又丰富的效果，可以巧妙运用色彩的重复与呼应关系，处理好配色的节奏感。通用的原则是墙浅，地略深，家具最深；也可以把偏爱的颜色用在主要墙面，其他墙面搭配同色系的浅色调。这样的配色可以令窄小型空间产生层次延伸感。

^ 空间大面积色彩为干净的蓝色、白色；再用比墙面深的地面色彩增加稳定性，而深棕色桌面又和地面色彩相呼应；整体空间配色符合窄小户型追求配色节奏感的诉求。

窄小型空间配色案例解析

膨胀色

背景色 ○ ●

主角色 ○ ●

配角色 ● ●

点缀色 ● ● ● ●

设计说明 占空间配色比例将近一半的白色为狭小空间带来了宽敞感。木色作为主角色，与背景色搭配相得益彰。高明度的桃红色作为配角色，形成空间中的视觉焦点，在视觉上扩大了空间面积。黄、绿、蓝作为点缀色出现，令空间呈现出全相型配色，形成开放式的配色效果。

白色系

背景色 ○ ●

主角色 ●

配角色 ●

点缀色 ● ●

设计说明 将白色运用到顶面和墙面上，明度较高的色彩在视觉上有效放大了空间面积，同时令空间呈现出干净的容貌。搭配使用的木色大量运用在地面及部分墙面上，既丰富了空间配色层次，又与白色融合度较高。

中性色

背景色 ⚪ ⚫　　配角色 ⚫

主角色 ⚫　　点缀色 ⚫ ⚫

设计说明 中性的灰白色和浅木色，作为空间中的背景色，使窄小空间看起来显得宽敞。暖木色系使窄小的空间具有了温馨感。床品和地毯的色彩为不同明度的灰色系，起到丰富配色层次的作用。少量黑色的加入使配色显得更为稳定。

浅色系

背景色 ⚪ ⚫

主角色 ⚫

配角色 ⚫

点缀色 ⚫ ⚫

设计说明 白色是空间中的主色，起到亮化空间的作用。米黄色系的沙发和地毯构成空间中的主角色，与白色搭配可以增加窄小空间的宽敞感。墨蓝色的坐墩与纯度较高的蓝色墙面形成色彩呼应，而黑色茶几则起到稳定空间配色的作用。

不规则型
根据户型特点选择强化或弱化配色

　　目前户型设计中出现的不规则家居空间常见的有阁楼，或是带有圆弧或有拐角的户型，也会存在一些五角、斜线、斜角、斜顶等形状。这些户型在进行色彩设计时，除了利用配色来化解缺陷之外，有些不规则户型反而是一种特色，可以根据具体情况，利用色彩强化其特点。

色彩搭配速查表

白色系 + 色彩点缀

◎ 白色能够弱化墙面的不规则形状
◎ 可利用色彩点缀丰富空间
√ 较适合的色彩点缀为黑色、木色

色彩拼接

◎ 选择条纹形壁纸装饰墙面，形成设计亮点，使人忽视户型缺陷
◎ 适合追求特立独行的居住者
× 过于强烈的色彩会产生视觉上的杂乱感
√ 色彩拼接最好选择浅淡色系

浅色吊顶 + 彩色墙面

◎ 较适合儿童房的阁楼配色
◎ 浅色吊顶能中和彩色墙面带来的刺激感
√ 可根据儿童性别选择合适的墙面色彩，而吊顶大多为白色

纯色墙面 + 深色地面

◎ 纯色墙面可带来变化性视觉效果
◎ 地面适合比墙面略深的色彩，具有稳定性
√ 地面色彩可选择与墙面相近的类似色
√ 也可选择百搭的深木色

不规则型空间配色技巧

不规则形状为缺点的户型应弱化配色

　　不规则形状为缺点的户型，一般为不规则的卧室、餐厅等相对主要的空间。在进行配色设计时，整个空间的墙面可以全部采用相同色彩或材料，加强整体感，减少分化，使异形的地方不引人注意。

< 弧形的卧室墙、地、顶均采用了浅淡的配色，整个空间的配色形成统一性，弱化了空间弧形的特质。

不规则形状为特点的户型应强化配色

　　若不规则空间是玄关、过道等非主体部分，可在地面进行色彩拼接，强化不规则特点；也可以将异形处墙面与其他墙面色彩区分，或用后期软装色彩做区别。其中，背景墙、装饰摆件都可破例选用另类造型和鲜艳色彩。

< 将斜向的空间涂刷成区别于其他部分的黄色，并放置靠垫，变成一个小型休闲区，强化了不规则空间的特质。

不规则型空间配色案例解析

白色系 + 色彩点缀

背景色 ⚪ ◐　　　配角色 ⚫

主角色 ◐ ◐　　　点缀色 ⚫ ⚫

设计说明 浅米灰色的墙面色调统一，橱柜的造型及色彩也全部统一，这样的处理弱化了拐角处的不规则形状。最后利用插花中的绿色与桃粉色作为点缀色，令空间充满了春天的气息。

色彩拼接

背景色 ⚪ ⚫ ◐ ◐　　　配角色 ◐

主角色 ◐ ⚪　　　　　　点缀色 ⚫ ◐

设计说明 厨房中运用了多处色彩拼接，如红色与青绿色结合的墙面、白色与灰蓝色拼接橱柜等，有效弱化了不规则房型带来的不适感，反而令空间显得趣味性十足。同时，棕褐色的窗帘与红色墙面也形成了色彩上的层次区分，呈现出空间配色的层次变化。

浅色吊顶 + 彩色墙面

背景色

背景色 ⬤ ◯

主角色 ◯

配角色 ⬤ ⬤

点缀色 ⬤ ⬤

设计说明 不规则型卫浴利用干净的白色和绿色进行大面积配色，形成清新的空间氛围。同时，将绿色运用在部分墙面设计中，形成有趣且富有变化的视觉观感，弱化了不规则空间的原始缺陷。

纯色墙面 + 深色地面

背景色 ◯ ⬤

主角色 ⬤

配角色 ⬤

点缀色 ⬤ ⬤

设计说明 白色顶面和墙面与棕色系仿古砖地面形成低重心配色，稳定中不乏变化。餐桌椅的色彩与地面的色彩接近，仅在明度上做区分，具有很好的融合感。黑色彩绘成为空间中的亮点设计，面积不大却十分出彩，令弧形的墙面更具艺术化特征。

层高过低
要形成拉伸、延展的配色效果

层高过低的户型会产生压抑感，给居住者带来不好的居住体验。针对过低层高的家居空间，最简洁有效的方式就是通过配色来改善户型缺陷，其中以浅色吊顶的设计方式最为有效。另外，暖色调也是不错的选择，可以缓解空间压力，使空间显得活泼。

色彩搭配速查表

浅色吊顶 + 深色墙面

◎ 吊顶为白色、灰白色或浅冷色，可在视觉上提升层高

× 黑色等暗色调不适合墙面，容易形成压抑感

√ 墙壁可为对比较强烈的颜色

浅色系

◎ 浅色系相对于深色系具有延展感

√ 顶、墙、地都选择浅色系，可在色彩明度上进行变化

√ 简单的搭配可尝试：白色吊顶 + 米色墙面 + 米黄色地面

同色调深浅搭配

◎ 竖条纹具有延展性，可在视觉上拉伸层高

◎ 深浅搭配的色彩还可丰富空间层次

√ 选择明度较高的颜色，如蓝色、绿色等，可令空间显轻快

不同色调深浅搭配

◎ 色彩最好为两种，最多不超过三种

◎ 有别于同类色深浅搭配，过多色彩会令空间显杂乱

√ 其中一种颜色最好为无彩色，具有稳定性，不显杂乱

层高过低空间的配色技巧

利用墙面色彩来改善层高过低的户型缺陷

层高过低的空间，可以把墙面和吊顶刷成同一种颜色，使之看上去融为一体；也可以将墙面色彩向吊顶延伸一部分，吊顶其他部分采用具有强烈对比效果的色彩。另外，还有一种方法为，刷墙时不要把墙刷满同一种色彩，可以将墙面上半部分刷成白色，下半部分刷成深色，同时用与下半部分同色或相近颜色的窗帘，这样的配色也能达到拉高墙面的作用。

> 空间层高较低，因此不做吊顶，直接涂刷成白色，并将管线暴露；同时，将一侧墙面下部三分之一的墙面做木柜设计，既有收纳功能，又与白色墙面形成色彩分割，有效延展了层高。

> 将卧室背景墙的蓝色延伸到斜面的吊顶之中，统一又具有明度变化，为空间配色带来趣味性，也弱化了层高过低的缺陷。

层高过低空间的配色案例解析

浅色系

背景色 ⬤ ○　　配角色 ⬤

主角色 ⬤　　　点缀色 ⬤ ○

设计说明　浅色系的阁楼空间适合用作儿童房，淡雅的配色方案有效地化解了层高过低的缺陷；而亮色系的软装则丰富了空间的色彩内容。

浅色吊顶 + 深色墙面

背景色 ○ ⬤

主角色 ○

配角色 ⬤

点缀色 ⬤ ⬤

设计说明　白色吊顶搭配深褐色的墙面，拉开了配色层次，弱化了层高较低的户型缺陷。另外，浅褐色的地面与吊顶形成低重心配色，与墙面为同一色系的不同明度变化。

同色调深浅搭配

背景色

主角色

配角色

点缀色

设计说明 人字形屋顶的卧室，运用了同一色系不同明度的条纹壁纸来装饰墙面，令空间极具视觉跳跃性；同时，竖条纹的图案形式，也可以有效拉升空间的层高。

不同色调深浅搭配

背景色

主角色

配角色

点缀色

设计说明 阁楼一侧墙面运用黑白两色进行配色设计，其中的黑色又与餐桌椅形成了色彩呼应；这样的配色手法，统一具有变化，可以在一定程度上令人忽略层高过低带来的不适感。

采光不佳
采用明亮、清爽的配色才成功

　　房间的采光不好，除了拆除隔墙增加采光外，还可以通过色彩来增加采光度。其中，可以提亮空间的色彩包括白色、米色、银色等浅色系，这些颜色的明度较高，可以有效改善空间采光不足的缺陷。另外，在配色时还要避免暗沉色调及浊色调。

色彩搭配速查表

| 白色系 | ◎ 白色作为基础色，有很好的反光度 |
| | √ 如果觉得纯白色太过单一，可尝试进行白色系的组合搭配 |

| 黄色系 | ◎ 黄色系本身具有阳光的色泽，非常适合采光不好的户型 |
| | √ 最好选择鹅黄色系 |

蓝色系	◎ 蓝色具有清爽、雅致的色彩印象，能够突破居室烦闷氛围
	× 应避免诸如灰蓝色、深蓝色等加入黑色比重过多的色彩
	√ 蓝色系要选择纯度较高的色调，或是浅蓝色调
	√ 既可作为背景色，也可在白色系的空间中作为主角色

同一色调	◎ 能够扩增人们的视野范围，提高空间亮度
	√ 最好采用亮色调
	√ 家具和地板要设计为浅色调

采光不佳空间的配色技巧

利用材质提升采光不足的空间亮度

采光不佳的居室中，除了在配色上可以采用带有亮度的颜色，同时还可以结合材料来改善居住环境。其中，带有光泽度的瓷砖、大理石和镜面具有反光感，能够调节居室暗沉的光线，可以有效提升空间中的亮度。

采光不佳的居室还应该降低家具的高度，材料上最好选择带有光泽度的建材。

特别提示

> 玄关墙面和地面均运用了浅色系，同时在墙面加入车边水银镜装饰，在地面铺设带有光泽度的大理石，大大提升了玄关的明亮度，也在视觉上扩大了空间面积。

采光不佳空间的配色案例解析

蓝色系

背景色 ●● ●

主角色 ● ○

配角色 ●

点缀色 ● ●

设计说明 蓝色在卧室布艺中大量运用，形成了清爽空间的视感，化解了空间采光不足的缺陷。同时用白色作为搭配色，较高的明度与蓝色搭配协调，共同为空间带来舒适的配色印象。

黄色系

背景色 ●

主角色 ○

配角色 ●

点缀色 ● ●

设计说明 橙色与白色占据空间主要配色，有效化解采光不佳的缺陷。黑色抱枕及英文字母与白色形成色彩对比，令配色更加醒目；而黄色抱枕和绿色百合花作为点缀色，丰富空间配色层次，也与橙色空间搭配和谐。

白色系

背景色 ◯　配角色 ◯

主角色 ●　点缀色 ● ● ●

设计说明　白色的明度较高，最适合采光不佳的玄关。为了避免大面积白色的单调，运用红色软装丰富配色。另外，少量黑色和绿色作为点缀色出现，使空间配色更具质感。

同一色调

背景色 ◯ ●

主角色 ●

配角色 ●

点缀色 ● ●

设计说明　玄关处的门、收纳柜及地面采用了明度不同的木色系，意图通过同一色调的不同明度变化，来规避玄关采光不佳的弊端。同时，木色系带有暖度，可以改善小空间的冷硬感。

06

第六章

设计师说
家居配色

配色对于家居设计来说，是非常出彩的方式，也是每一个初入行的设计师必须潜心研习的方向。大量阅览优秀设计师的实际案例，有利于提高配色审美方面的眼光。这一章精选了几个具有代表性的成功家居空间配色案例，方便读者学习专业设计师的配色思维与技巧。

用"局部跳色"丰富空间视觉层次

在进行本案设计时，业主的诉求非常明确，不管是配色，还是软装，均要体现出特色，要现代、时尚感十足，但配色又不能过于刺激，毕竟还是要长期居住，而不是作为艺术化的工作室出现。跟业主充分沟通后，设计师决定用跳色设计来完成一场空间中的 POP 浪潮。虽然这种现代时尚风格的居室在用色上可以不必拘泥，但并不意味着可以毫无头绪地任意搭配。在本案的设计中，虽然整体家居的色彩亮丽、多样，但主调色中依然大量运用了黑、白色作为调和，避免了亮色带来的杂乱感。同时，在细节处运用抱枕等物作为局部跳色，强调出空间的冲突美感。

特约设计师 李文彬
武汉桃弥设计工作室设计总监

空间重点配色点位图

客厅沙发

亮黄色的沙发是客厅中最抢眼的家具，起到提亮空间色彩的作用。

极简卫浴

黑白为主色的卫浴由于配色比例协调，令空间不显压抑。

书房黑板涂鸦

黑板涂鸦既为空间增添了趣味效果，又起到丰富色彩的作用。

卧室装饰画

黑白装饰画极具艺术感，成为卧室中的焦点装饰。

一体式餐厨

运用了红黄蓝三原色的近似色来搭配，活跃、靓丽的色彩又不失稳定。

客厅

局部跳色增添客厅现代时尚感

　　客厅以黑白色为背景色，为了凸显出现代空间的时尚感，在软装上大量采用了跳色处理。亮黄色的沙发、玫红色的边几和座椅，以及局部的蓝色点缀，都是最好的说明。

一体化餐厨

无彩色系可作为调节配色出现

　　餐厅用色较为大胆，主体家具——橱柜用了鲜亮的玫红色，墙面则用亮黄和孔雀蓝来进行搭配，形成十分夺目的配色效果；为了避免配色的刺激感，餐桌和橱柜桌面用了白色，地板和椅子用了黑色，无彩色系的冷静很好地中和了配色效果。

卧室

延续的色彩令空间配色多而不乱

卧室背景墙为大面积玫红色，加上黑白抽象装饰画，极具视觉冲击力；床品色彩多样、靓丽，其中黄色的抱枕和床头柜形成呼应，多而不乱。阳台上的窗帘同样采用玫红和黄色，使色彩在空间中得到延续。

现代时尚风格居室配色要点	
无彩色搭配需注意比例	选择一种无彩色为背景色，与另外的无彩色搭配使用，最佳比例为80%~90% 白 +10%~20% 黑；60% 黑 +20% 白 +20% 灰
高纯度色彩要避免带来刺激感	高纯度色彩虽然亮丽，但如果在空间中运用不当，会使人感觉过于刺激，最保险的做法为将其运用在软装上

书房

卫浴

利用大胆配色塑造艺术化书房

书房一角的墙面设计为黑板，为了避免大面积黑色带来的压抑，另外一侧墙面选用了清爽的蓝色系作为调剂；同时，墙面搁板、座椅和书桌把手等细节选用亮黄色，整个空间的配色充满艺术化。

利用亮色作为空间中的吸睛色彩

卫浴整个墙面都用黑色来塑造，但并不显压抑，主要得益于白色在空间中的穿插使用；而红色抽象装饰画作为空间中最亮的色彩，成功地吸引了人们的视线。

三原色塑造 稳定 又 不乏活力 的空间印象

本案的业主是一对新婚小夫妻，非常喜爱纯净的北欧风格，但考虑到在未来的两年内有要宝宝的计划，因此希望家中的色彩不要过于单一和寡淡。充分了解了业主的需求后，在对空间配色时，大面积色彩依然保留了干净的白色，但利用红、黄、蓝三原色对空间色彩进行调剂，既丰富了配色层次，又不失稳定性。而在家具的选择上，运用温和的木色来增添空间的温暖度，同时北欧家具特有的圆润造型，可以适当避免尖角家具带来的磕碰，为今后宝宝的成长空间做了一定的安全防范。

特约设计师 陈秋成
苏州周晓安室内设计事务所设计师

空间重点配色点位图

多功能房墙面

将亮丽的黄色用在多功能房，形成温暖的视觉效果。

餐厅背景墙

浊色调蓝色和灰色组合的背景墙，为餐厅带来了视觉变化。

客厅抱枕

红色作为跳色，为空间带来了活力。

卧室背景墙

微浊色调的蓝色作为卧室背景墙的色彩，延续了客厅的配色手法。

电视背景墙

蓝白搭配的客厅背景墙，塑造出清新感。

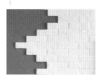

客厅

干净的蓝白色，奠定北欧风格的纯净基调

客厅用白色作为大面积主色，明亮而干净。布艺沙发、窗帘以及部分电视背景墙面采用不同明度的蓝色塑造，既具有变化，又不会破坏整体空间的纯净基调。而红色作为点缀色，为空间带来了活力，成为亮人眼目的配色。

北欧风格居室配色要点	
用中性色进行柔和过渡	用黑色、白色、灰色营造强烈效果的同时，要用稳定空间的元素打破视觉膨胀感，如用素色家具或中性色软装来压制
用软装活跃空间色彩	沙发尽量选择灰色、蓝色或黑色的布艺产品，其他家具选择原木色或棕色木质，再点缀带有花纹的黑白色抱枕或地毯

餐厅

餐厅配色既富有特性，又与客厅配色局部呼应

　　餐厅最吸引人视线的是背景墙设计，采用了清雅配色的同时，三角形也是北欧风格的经典图形。另外，餐椅的颜色用了3种，其中红色既与客厅单人座椅的配色呼应，也提亮了餐厅小空间的整体氛围。

主卧

卧室中心色可以降低色彩明度，形成柔和的配色关系

主卧配色依然延续主空间的互补型配色，但由于红色大面积运用会显得过于激烈，因此只在飘窗的抱枕上出现，作为卧室中心色的床品则采用较为柔和的粉红色系，既呼应了空间配色关系，又不会令整体配色太过夺目。

厨房

厨房配色理性、沉稳，又不失明亮感

厨房配色相对于其他空间显得理性、沉稳许多。花砖和地砖的主色调皆为棕褐色系，十分稳定，但为了与其他空间配色不脱节，花砖中依然用了少量蓝色来做调剂。另外，由于大量棕褐色系会令空间显得暗淡，因此橱柜和顶面为白色调，有效提亮空间。

女儿房

明亮色彩有助于宝宝大脑的发育

虽然新婚业主还尚未迎来新生命，但已经把女儿房的设计规划在其中。墙面采用温暖的黄色，既与主空间配色形成三角型的配色关系，稳定感十足，其明亮的色彩也有助于日后促进宝宝大脑发育。

多功能房

绚丽配色令空间带有连续性

多功能房的配色十分绚丽，墙面依然采用了明亮的黄色，且设计了一处蓝色手写板，既丰富了配色，又趣味十足。懒人沙发和窗帘的色彩较为多样，却不显杂乱，其原因为蓝色的运用，令空间配色在任何地方均带有延续性。

带有色彩**情感**的配色令家中仿若**乡野田园**

本案业主是一对高级白领，平时需要承受较多的高强度工作时长，因此希望在家中可以得到完全放松。在与业主充分沟通后，将家居氛围定位为乡村风格，采用了大量带有自然情感意义的大地色和绿色作为主色，令业主可以在家中自由自在地享受色彩带来的有氧生活。另外，又将多样的彩色，如红色、黄色、蓝色，运用到空间的软装设计之中，使浓烈、夺目的色彩汇聚一堂，为业主带来富有变化的色彩印象，使生活空间远离高效、沉闷的氛围。

特约设计师 朱利
上海观云品牌设计有限公司
首席设计师

空间重点配色点位图

厨房橱柜

绿色和木色相结合的橱柜，自然感十足。

隔断吧台

隔断吧台用木色来塑造，质朴而天然。

主卧抱枕

主卧抱枕的花色丰富，且采用花朵纹样，与空间氛围呼应。

客厅沙发区

沙发区采用带有浊调的绿色，奠定空间自然的氛围。

玄关柜

亮丽的红色玄关柜十分抢眼，增强空间配色的活跃度。

客厅

白色为空间底色，可以中和缤纷色彩带来的杂乱

客厅的色彩纷呈，如弧线廓形背景墙内是饱和的鹅黄色，沙发、茶几为青绿色系，地板、窗帘为棕褐色系，而抱枕的色彩更是缤纷多样。这些多样的色彩共处一室，而不显杂乱无章，少不了客厅墙面的白色糅合。

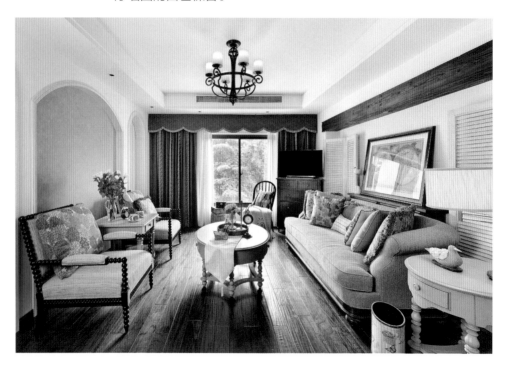

美式乡村风格居室配色要点

用布艺图案丰富配色层次感	布艺是美式风格中非常重要的元素，多采用本色的棉麻材料，图案可以是繁复的花卉植物，也可以是鲜活的鸟虫鱼图案，可以丰富配色的层次感
强调回归自然的配色理念	配色多以大地色为主色，搭配蓝色、绿色、红色等色彩，给人自然、怀旧的感觉。一般很少使用过于鲜艳的颜色，即使是红色和绿色，色调也大多以浊色为主

开放式厨餐厅

利用色彩情感意义加深空间的乡村韵味

　　开放式厨餐厅的设计令空间显得更加通透，也有效缩短了上菜时的距离，使家务动线十分顺畅。大量绿色和棕褐色的运用，则有效利用了色彩的情感意义，加深了家居空间的乡野田园韵味。

主卧

自然韵味的配色和软装可以加深空间的有氧气息

清爽的薄荷绿铺满了卧室的整个墙面，家具和地板则运用沉稳的棕褐色来稳定空间配色，令美式乡村风格的自然气息尤为明显。花色抱枕和装饰花束的运用仿佛令人置身于田野乡间，伸手就能采撷一捧繁花似锦。

次卧

暖色和深色搭配使空间配色稳定性更强

次卧配色相较于主卧更显温馨。大面积鹅黄色壁纸墙面与浅木色大衣柜，无论色彩还是材质均自然感十足。为了避免空间配色暖色过多产生的轻飘感，抱枕和窗帘运用了相对较深的色彩，使空间配色更加稳定。

紧跟**潮流趋势**，将流行色运用在空间设计中

雾霾蓝作为新晋流行色，在时尚圈大放异彩。虽然雾霾对于深陷其中的人们来说十分令人烦恼，但这种带有少量灰色的蓝色在时尚界却象征着高级感与精致感。本案男业主是典型的商务精英，希望家居空间呈现出品位脱俗、格调高远的境地，而女业主则比较喜欢带有一些暖意及自然韵味的元素。因此，在设计时，将空间主色定调为高级的雾霾蓝，并用大量棕色和黑色家具稳定空间配色；为了避免配色的沉闷，以及满足女业主的需求，用不同明度的黄色作为跳色，给家居空间带来活力。另外，软装不仅选择了中式韵味的装饰画，也运用了一些美式乡村风格的装饰，混搭的软装配饰同时满足男女业主的不同需求。

特约设计师 李力
杭州力设计机构创始人、设计总监

空间重点配色点位图

客厅背景墙

流行色雾霾蓝搭配
装饰画，增强高级
感与精致感。

书房窗帘

不止一处的拼接
窗帘，丰富配色，
且不显呆板。

客厅地毯

对比配色的地毯独
具个性，且时尚。

女儿房家具

带有人群印
象的配色，
可以更好
凸显空间
主题。

书房装饰画

茱萸粉装饰
画与雾霾蓝
墙面搭配，
充分运用流
行色。

客厅

雾霾蓝与姜黄色搭配，呈现出轻奢韵味的空间

客厅背景色为雾霾蓝，电视墙及沙发采用了同色系中不同明度的蓝色进行搭配，令整体空间的配色统一又不乏变化。地毯、装饰画以及装饰花艺则为黄色系，对比型的配色关系呈现出开放性的空间特征。

玄关

低重心配色 + 俏皮装饰画，营造稳定又不乏生动的氛围

玄关延续了主空间的色彩——雾霾蓝，深色玄关柜与之搭配，形成低重心的配色关系，稳定感十足。6 幅主题内容不同的椭圆形装饰画俏皮、有趣，丰富了空间的生动性。

简欧风格居室配色要点

根据家具色彩进行配色	如果对配色没有把握，可先选择家具，确定好主角色，然后再根据家具选择背景色、配角色和点缀色，这样的配色不容易造成层次混乱
利用色彩混搭体现配色的高雅、和谐	色彩搭配需要高雅、和谐，可选择一种常用颜色，然后分出主次，进行色彩混搭

利用色彩和软装提升小空间的艺术化氛围

餐厅

餐厅最亮人眼目的色彩为窗帘，依然采用对比型配色来提亮空间彩度。此外，灯具、家具、装饰镜的造型精美、独特，使面积不大的餐厅充满艺术化氛围。

仿古色泽的釉面花砖呈现低调优雅感

厨房

厨房墙面和地面运用釉面花砖来铺设，略带亚光仿古的色泽使空间呈现出低调的优雅。橱柜以及吊顶为白色，为空间带来良好的亮度。

主卧

浊调色彩不会破坏空间稳定配色关系

　　主卧整体配色较为稳重，窗帘、家具、地板均为灰、棕色系；床品色彩虽然丰富，但浊色基调不会显得过于刺激；同时，卧室一侧墙面依然采用雾霾蓝，形成整体空间配色的延续。

次卧

次卧配色与主卧配色要求同存异

次卧配色与主卧配色求同存异，相同的配色为墙面雾霾蓝、家具重色、床品色彩多样；富有变化的配色表现在床品色彩，尤其是橘色抱枕的使用，为空间增添了灵动性。

女儿房

女儿房配色要有特性，也要与主空间配色协调

女孩儿房的背景色依然为蓝色和黄色，延续主空间的色彩关系，也吻合女儿房配色需体现活泼感的要点；另外，运用粉色作为主角色和配角色，很好地迎合了小女孩儿的天真个性。

书房

书房配色可较多使用利于稳定情绪的蓝色

蓝色具有稳定情绪的作用，非常适合书房配色。因此，空间墙面运用雾霾蓝，座椅运用牛仔蓝，窗帘则为姜黄色和牛仔蓝拼接，配色协调中富有变化。除了雾霾蓝，茱萸粉装饰画也同样为流行色运用。

卫浴

卫浴配色可根据功能性有所区分

主卫、客卫墙面均为石材。其中，主卫墙面石材带有黄色花纹，凸显尊贵感；客卫墙面石材色彩沉稳，凸显实用性。另外，浴室柜均为白色，干净而清爽。